国家科学技术学术著作出版基金资助出版　　　　6G 新技术丛书

U0174568

# 6G 智能超表面（RIS）技术初探

袁弋非　苏鑫　顾琪　李亚　张雁茗　编著

電子工業出版社
**Publishing House of Electronics Industry**
北京 · BEIJING

## 内 容 简 介

智能超表面（RIS）是一项跨学科基础性创新技术，它具有可编程的人工电磁表面结构，具有低成本、低功耗和易部署的优势，应用场景包括无线网络覆盖扩展、无线系统容量提升、感知定位、高铁车厢内覆盖等，具有广阔的技术发展前景和工程应用前景。

近年来，信息超材料技术取得了一些重要突破，基于智能超表面的通信得到学术界和工业界的广泛关注，有望成为未来 6G 空口的原创性基础技术。本书从信息超材料的特性、多天线通信技术基础、智能超表面中继技术、智能超表面中继的性能仿真评估、初步外场测试验证和分阶段的技术推进等方面对智能超表面技术进行了较为深入、全面的介绍。

本书适合移动通信系统广大研发人员、信息超材料领域的研究人员，以及高校相关专业的老师和研究生阅读与参考。

**图书在版编目（CIP）数据**

6G 智能超表面（RIS）技术初探 / 袁弋非等编著. —北京：电子工业出版社，2024.3
（6G 新技术丛书）

ISBN 978-7-121-47170-4

Ⅰ. ①6… Ⅱ. ①袁… Ⅲ. ①无线电通信－通信系统－研究 Ⅳ. ①TN92

中国国家版本馆 CIP 数据核字（2024）第 031893 号

责任编辑：李树林 文字编辑：底 波
印 刷：三河市君旺印务有限公司
装 订：三河市君旺印务有限公司
出版发行：电子工业出版社
    北京市海淀区万寿路 173 信箱 邮编：100036
开 本：720×1000 1/16 印张：16 字数：278.5 千字
版 次：2024 年 3 月第 1 版
印 次：2025 年 1 月第 3 次印刷
定 价：88.00 元

电磁超材料科学与技术的发展、研究已有几十年的历史，虽然研究人员发现了很多新的物理现象，产生了很多新技术，但大多数以科学研究为主。近年来，随着数字编码和可编程超材料、信息超材料的出现，超材料研究走向数字化和信息化，成为智能超表面（RIS），日渐显现其性能和在移动通信领域中应用的巨大潜力。通过对 RIS 单元的相位、幅度和极化方向等物理参数进行数字调控，RIS 可以主动改善无线信道的传播环境，提高系统容量和覆盖面。RIS 与多天线技术密不可分，作为一种动态可编程反射面，RIS 能够大幅降低器件功耗和成本，有利于大规模灵活部署。移动通信从 3G 到 4G，再到 5G，其系统频谱效率的提升主要归功于多天线技术的突破，但是进一步增加有源天线数从功耗和成本的角度都是不可持续的，因此，近几年 RIS 技术成为学术界和工业界的一个研究热点，有望能继续担负多天线技术和系统的使命，以满足下一代移动通信系统对频谱效率、网络覆盖等关键性能指标的要求，并且在无线网络能耗降低方面发挥重要作用。

本书的作者团队来自中国移动，在 RIS 的方案研究、技术标准化和工程实践上已积累了丰富的经验，科研成果卓著，并且与高校和企业开展了广泛的合作，努力打造 RIS 技术产业，促使中国主导的 RIS 技术能够在未来移动网络中得到大规模的应用。本书首先从超表面材料、多天线技术基础、RIS 中继技术、仿真性能分析、初步外场测试、未来研究和标准化等方面，对 RIS 技术进行了较为全面和系统的描述，随后分别从性能仿真和实际网络测试方面验证了 RIS 的应用潜力，最后提出了未来的研究方向和标准化策略。本书的整体篇章架构逻辑清晰，以信息超材料与多天线技术为基础，融合而成 RIS 技术，既有深入的理论分析，又结合实际网络的特征和限制条件，对学术界和工业界的相关研究都有很好的借鉴和启发作用。

中国科学院院士

2023 年 10 月

超材料技术始于 20 世纪 60 年代，最初主要用于雷达隐身。近几年超材料的发展有重大突破，尤其在民用领域，通过数字编程的可调器件，改变超表面天线单元的电磁特性，实现对空间电磁波传输特性的改变，具有重塑电磁波传播环境的能力。与传统中继或直放站相比，智能超表面（RIS）不需要功率放大器、射频、馈线和基带处理电路等器件，具有低功耗、低成本、低噪声、易部署等优点，因此，智能超表面技术得到学术界和工业界的广泛关注，有望成为未来 6G 空口的原创性基础技术，以满足 6G 移动通信网络的系统频谱效率、功耗、覆盖等的关键性能指标要求。

智能超表面的概念于 2014 年由东南大学崔铁军院士团队首次提出，并在业界率先完成智能反射面的硬件实现。我国高校和科研机构在智能反射面领域的研究均具有一定的先发优势，并已取得了不少突破性成果。国内的许多企业、高校、研究机构等也都积极进行了产业布局。国家知识产权局提供的专利统计信息显示，在智能超表面领域中，我国专利申请量遥遥领先。国内外有较高影响力的IMT-2030、Future 论坛、中国通信标准化协会（CCSA）、IEEE 通信协会（ComSoc）、欧洲电信标准化协会（ETSI）等纷纷成立智能超表面相关的研究组，智能超表面技术联盟（RISTA）也于 2022 年成立，目前其成员单位已超过110 家。

智能超表面是一项新型颠覆性技术，从总体上讲，对它的研究还很不完善，其标准化和实际工程应用仍面临诸多挑战。本书是作者根据近两年的研究探索和在 3GPP 的一些标准化经验，对智能超表面技术进行初步探讨。本书共 7 章，第 1 章为背景介绍，简要回顾了前几代移动通信的演进，并对 6G 相关场景和关键性能指标、信息超材料的发展和 LTE 中继的基本特性做了阐述。第 2 章为信息超材料的特性，从超材料的基本结构、常用器件/材料类型、设计原理、超材料器件仿真和实际性能验证、超材料器件的控制等方面对智能超表面硬件进行了描述。第 3 章为多天线通信技术基础，分别从单用户开环和闭环空间复用、多用户空间复用、空间信道模型与有源天线模型等方面介绍了智能超表面相关的天线基础知识。第 4 章为智能超表面中继技术，包括对智能超表面中继系统模型与理论性能分析、波束赋形技术，以及小尺度信道估计与反馈等。第 5 章为智能超表面中继的性能仿真评估，包含链路级仿真参数和初步仿真结果，系统仿真的信道模型、天线模型、系统配置、仿真参数，以及初步的系统仿真结果。第 6 章为初步外场测试验证，较为详细地描述了南京和深圳测试中的各种场景、参数设置和测试结果。第 7 章为分阶段技术的推进，重点介绍了智能超表面的"三步走"发展策略，3GPP Rel-18 网络控制的直放站（NCR），以及未来的研究和标准化方向、重要时间点等。不同于一般的技术白皮书和综述性研究报告，本书在内容深度方面有一定的展开和聚焦，面向的读者包括无线通信工程技术人员，以及科研院校的师生。

本书中有些黑白印刷的测试图可能较难分辨各元素，因此，我们提供了部分彩色图的电子文件，可通过华信教育资源网（https://www.hxedu.com.cn）下载。

本书由袁弋非、苏鑫、顾琪、李亚和张雁茗编著。在写作过程中，作者得到了中国移动研究院张同须、黄宇红、丁海煜、易芝玲、崔春风、王启星、金婧、王菡凝、孙艺玮等专家的大力支持和协助，以及北京邮电大学王亚峰老师团队、东南大学金石和程强老师团队、中国移动广东深圳分公司许乐飞等在系统级仿真、智能超表面算法/硬件设计、智能超表面外场测试方面的鼎力协作，在此表示衷心感谢。同时，感谢电子工业出版社编辑的专业精神和高效工作，使本书能尽早与读者见面。

本书基于作者的有限视角对智能超表面技术进行了初步梳理，写作时间较短，在技术点的阐述上可能存在不完善之处，观点也难免有欠周全。对书中叙述不当的地方，敬请读者谅解，并提出宝贵意见。

编著者<br>2023 年 10 月

Contents **目　录**

# 第1章 背景介绍

## 1.1 前几代移动通信的演进

1968 年 AT&T 贝尔实验室提出蜂窝小区的概念，开启了人类进入移动通信的时代。蜂窝小区的思想源于自然界的蜂巢，多个正六边形的小区构成一片连续的区域，小区之间能够复用频率，缓解了频谱资源的限制，并且实现了无缝隙的覆盖（至少从几何意义上讲）。在之后的 50 多年里，移动通信的发展一直保持着较为迅猛的速度，在各项关键性能指标上，如峰值速率、频谱效率、用户体验速率、系统容量、连接终端数等都有跨越式的增加，已经历了五代的演进，如表 1-1 所示。

表 1-1 前几代移动通信空口技术演进

| 移动通信的代别 | 第一代 | 第二代 | 第三代 | 第四代 | 第五代 |
|---|---|---|---|---|---|
| 标志性技术 | 频分多址（FDMA）；固定占用；模拟幅度调制 | 时分多址（TDMA）为主；数字调制；卷积码 | 码分多址（CDMA）为主；数字调制；Turbo 码 | 正交频分多址（OFDMA）为主；多天线技术；咬尾卷积码；Turbo 码增强 | 正交频分多址（OFDMA）为主；大规模天线（Massive MIMO）；LDPC 码；Polar 码 |

第一代移动通信空口采用的是频分多址（Frequency Division Multiple Access，FDMA），仅支持语音服务。每个终端的无线资源按固定频率划分，采用模拟幅度调制（Amplitude Modulation，AM），对发射功率的控制较松，所以系统的频谱效率十分低下。以北美的制式为例，每条通道单独要占 30 kHz 带宽，通话容量受限。另外，模拟器件不容易集成，终端的硬件成本高，体积

大，只有少数的高端客户拥有。

第二代移动通信空口以时分多址（Time Division Multiple Access，TDMA）为主，主要业务是语音通信，TDMA 中商业上最成功的制式是欧盟主导制定的全球移动通信系统（Global System of Mobile communications，GSM）标准。GSM 将频谱资源划分成若干个 200 kHz 频带，每个频带中的不同终端按照时隙轮流得到服务。为有效控制小区间干扰，保证小区边缘的通话性能，GSM 通常将相邻的 7 个或 11 个小区组成一簇，簇内各小区的频率不能复用。在信号处理方面，模拟语音信号经过信源压缩变成数字信号，然后采用数字调制、纠错编码。通过采取信源压缩、编码保护，以及功率控制，GSM 的传输效率和系统容量比第一代移动通信有了较大的提高。GSM 的信道编码主要采用分组和卷积码，算法复杂度较低。在第二代移动通信的后期出现另一种制式：高通（Qualcomm）的 IS-95，主要在北美部署。IS-95 是第一个使用码分多址（Code Division Multiple Access，CDMA）的直接频谱扩展（Direct Spread Spectrum）的商用标准，可以被看作第三代移动通信的前奏。

第三代移动通信的空口广泛采用码分多址，扩展码之间的抗干扰能力使得相邻小区可以完全复用频率，从而大大提高整个系统的容量。第三代移动通信有两大标准：cdma2000/EV-DO[1]和 UMTS/HSPA[2]。cdma2000/EV-DO 主要在北美、韩国和中国等国家和地区部署，载波频带宽度为 1.25 MHz，相应的国际标准组织是第三代合作伙伴计划 2（3rd Generation Partnership Project 2，3GPP2）。UMTS/HSPA 的国际标准组织是第三代合作伙伴计划（3rd Generation Partnership Project，3GPP），在世界范围内得到了更广泛的部署，其载波带宽为 5 MHz，所以又称宽带码分多址（Wideband CDMA，WCDMA）。在 2004 年前后，为支持更高速率的数据业务，CDMA 和 UMTS 各自演进成为演化数据优化（Evolution Data Optimized，EV-DO）和高速分组接入（High Speed Packet Access，HSPA），它们都采用较短的时隙，融入了时分复用

---

① EV-DO 是英文 Evolution Data Optimized 或 Evolution-Data Only 的缩写，有时也写作 EVDO 或 EV。

② UMTS 的英文全称为 Universal Mobile Telecommunications System，即通用移动通信系统。HSPA 的英文全称为 High Speed Packet Access，即高速分组接入。

技术。另外，第三代移动通信还有一套部署范围相对局限的标准——时分同步码分多址（Time Division Synchronous Code Division Multiple Access，TD-SCDMA），属于 3GPP 标准的一部分。TD-SCDMA 在中国得到大规模的部署。

3G 的码分多址系统使用了软频率复用和快速功率控制，并将 Turbo 码首次用于主流的移动通信协议，这些都大大提高了系统的容量。Turbo 码于 1993 年提出，使得单链路性能逼近香农极限容量。在短短几年间，Turbo 码得到广泛应用，并激发了对随机编码和迭代译码的研究热潮。

第四代移动通信的空口主要是正交频分多址（Orthogonal Frequency Division Multiple Access，OFDMA），4G 的带宽至少是 20 MHz，远大于 3G 的带宽。大带宽在时域上对应更密的采样，在传播信道上的体现是更显著的多径衰落。如果仍采用 CDMA，将会产生严重的多径干扰，尤其当扩展因子不高时（传输速率与扩展因子成反比，高速率传输的扩展因子不能很高）。尽管这种干扰可以通过先进接收机来抑制，但大大增加了系统的复杂度。而正交频分复用（Orthogonal Frequency Division Multiplexing，OFDM）将频带划分成多个正交的子载波（Subcarrier），每个子载波的信道相对平坦，接收机的复杂度可以大幅度降低，这也极大地促进了多天线多输入多输出（Multiple-Input Multiple-Output，MIMO）技术在大带宽系统中的广泛应用，无须配备复杂的 MIMO 接收机，这些都对系统容量的提升起到了重要作用。

第四代移动通信在发展之初有三大标准并行：超移动带宽（Ultra Mobile Broadband，UMB）、全球微波接入互操作性（World Interoperability for Microwave Access，WiMAX）和长期演进（Long Term Evolution，LTE）。UMB 最初在 IEEE 802.20 中研究制定，主导公司包括高通（Qualcomm）、朗讯科技（Lucent Technologies）、北电（Nortel）和三星（Samsung），之后转入 3GPP2，并于 2007 年年底完成第一版协议。但由于美国、日本等国一些主流运营商对此缺乏兴趣，UMB 在标准和商用方面的推动于 2008 年后趋于停止。WiMAX 是由 IEEE 802.16 制定的，2007 年完成了第一版标准，当时得到美国 Sprint 等运营商的大力支持。但后来由于 Sprint 经营状况恶化，以及过于松散的商业生态和不够健全的商业模式，WiMAX 逐渐淡出第四代移动通信。

LTE 的首个版本 3GPP Release 8（Rel-8）于 2008 年完成。随着对 UMB 投入的停止和 WiMAX 标准被边缘化，LTE 逐渐成为全球统一的 4G 移动通信标准。接着，3GPP 开始 LTE-Advanced 的标准化，即 Release 10（Rel-10），该版本的性能指标可以完全满足国际电信联盟（International Telecommunication Union，ITU）对 IMT-Advanced（4G）的要求。

除了 OFDM 和多天线这两大标志性技术，LTE/LTE-Advanced 还引入了一系列新的空口技术，例如，载波聚合、小区间干扰消除抑制、无线中继、下行控制信道增强、终端直通通信、非授权载波、窄带物联网（Narrow Band Internet of Things，NB-IoT）等，这些技术使得 4G 移动通信系统的频谱效率、峰值速率、网络吞吐量、覆盖等有较明显的提升。网络拓扑也不仅是相同配置的宏站构成的同构网，还有宏站与低功率节点所组成的异构网。在信道编码方面，LTE 沿用 3G 的 Turbo 码作为数据信道的纠错码，在结构上进行了优化，进一步降低了译码复杂度并提高了性能。控制信道采用咬尾卷积码，开销进一步降低。

第五代移动通信在发展之初就是由 3GPP 来唯一制定标准的，这为全球统一的 5G 标准打下了基础，5G 的空口在 3GPP 也称新空口（New Radio，NR），多址方式与 4G 类似，主要是正交频分多址（OFDMA）。尽管起初 3GPP 对非正交多址（Non-Orthogonal Multiple Access，NOMA）进行过研究，但最终未能形成标准。相比前 4 代移动通信，5G 的应用十分多样化，关键性能指标不再只是峰值速率和平均小区频谱效率等，还包含用户体验速率、连接数、低时延、高可靠等。5G 的应用场景大致可以分为三大类：增强移动宽带（enhanced Mobile BroadBand，eMBB）、超可靠低时延通信（Ultra Reliable Low Latency Communication，URLLC）、海量物联网通信（massive Machine Type Communication，mMTC）。为支持更大的带宽（如 400 MHz），更好地服务 eMBB，5G 空口所用的频段拓展到毫米波，如 30 GHz。5G 由于采用了大规模天线（Massive MIMO）技术，使得其小区频谱效率相比 4G LTE 提高了 3 倍。5G 空口支持更为灵活的信道结构、子载波间隔和子帧长度，从而适应不同的传输速率、传输时延和可靠性要求。5G 空口在信道编码方面有较大的突破，其物理业务信道采用译码并行性好的低密度奇偶校验（Low Density Parity Check，LDPC）码，代替了 Turbo 码；其物理控制信道采用性能更加优异的极化（Polar）码，代替了 2G 以来广泛使用的卷积码。

5G 不仅涵盖地面网络，还可以与卫星网络相结合，实现更广泛的立体覆盖。5G 所用的频段除了运营商关心的授权频段（Licensed Band），还支持免授权频段（Unlicensed Band），并能够独立组网。为了更好地支持垂直行业，应用 5G 空口对车联网（Vehicle to everything，V2X）和定位（Positioning）进行了标准化，并在终端节能方面引入了许多先进技术。

## 1.2　6G 的相关应用场景和关键性能指标

### 1.2.1　相关应用场景

随着 5G 标准化工作趋于稳定和 5G 的大规模商用，全世界各主要国家和地区逐渐将目光投向下一代移动通信系统的研究探索。从 2018 年起，中国、美国、欧盟、日本、韩国等开始了 6G 相关的科研计划，从未来的应用场景、社会影响、潜在的使能技术、频谱分配等方面开展相应的工作。

从宏观角度看，6G 发展的驱动力包含 4 个方面：

一是经济可持续发展驱动力；

二是社会可持续发展驱动力；

三是环境可持续发展驱动力；

四是技术创新发展驱动力，包括新兴无线技术和网络技术、ICDT 融合技术（无线和网络）以及新材料（纳米材料、信息功能材料等）。

网络运营的发展需求体现在 7 个方面：

（1）能力极致融合，提供通信、计算、感知等融合的能力体系，满足 6G 需求；

（2）智慧内生泛在，提供无处不在的算力、算法、模型与数据，支撑无处不在的人工智能（Artificial Intelligence，AI）应用；

（3）网络分布至简，提供即插即用、按需部署的网络功能与服务；

（4）运营孪生自治，实现网络规划、建设、维护、优化的高水平自治，降低网络运营成本；

（5）安全内生可信，提供主动免疫、弹性自治、虚实共生、安全泛在的服务能力；

（6）全域立体覆盖，空天地海融合覆盖，保证业务无缝体验；

（7）生态绿色低碳，实现从网络建设到运行维护等多个环节的节能减排，助力可持续发展。

通过对 6G 发展的宏观驱动力和网络运营的发展需求，可以梳理出以下 9 大潜在业务应用[1]：

（1）沉浸式云 XR 业务；

（2）全息通信业务；

（3）感官互联业务；

（4）智慧交互业务；

（5）通信感知业务；

（6）普惠智能业务；

（7）数字孪生业务；

（8）机器控制和协同业务；

（9）全域覆盖业务。

从 6G 潜在的 9 大业务应用中可以看到，未来移动网络的总体性能需要支持：

（1）吉比特每秒（Gbps）级的体验速率；

（2）海量连接；

（3）99.99999%的高可靠性；

（4）亚毫秒级的传输时延；

（5）厘米级的感知精度；

（6）超 90%的智能精度。

综合这 6 项总体性能，大致可以推演出 6G 的 5 大典型场景：

（1）超级无线宽带；

（2）超大规模连接；

（3）极其可靠通信；

（4）通信感知融合；

（5）普惠智能服务。

如图 1-1 所示，这 5 大典型场景环环相扣，体现了场景之间的交叉与融合。相比 5G 的三大典型场景：增强移动宽带、海量物联网通信和超可靠低时延通信，6G 对这三个场景提出了更高的要求，并且增添了与感知的融合，将智能服务渗透到各个场景之中。

图 1-1　6G 的 5 大典型场景[1]

为了对 6G 关键性能指标进行测算，这里选择了以下几种部署场景。

（1）室内热点：需要同时满足超高峰值速率、高体验速率和低时延。峰值速率在太比特每秒（Tbps）级，用户体验速率在吉比特每秒（Gbps）级，频谱效率是 5G 的 1.5～3 倍，流量密度为 0.5～10 Gbps/m²，空口时延在毫秒级。

（2）智慧城市：同时满足高连接数密度、高传输速率和网络容量。连接数密度需要达到 $10^7$ 个/ km²，流量密度达到 0.1～10 Gbps/m²。

（3）工厂生产线：需同时满足极低时延、低抖动和超高可靠性。用户体验速率在百兆比特每秒级，空口时延小于 0.1 ms，抖动在秒级，可靠性达 99.99999%，定位精度在厘米级。

（4）工业制造区：需同时满足超大规模连接和低速率传输，连接数密度要求达到 $10^7$～$10^8$ 个/ km²。

（5）医院：需同时满足超大智能体终端数的低时延训练和推理。AI 推理精度要求大于 90%（取决于具体场景），可靠性为 99.99999%，空口时延小于 1 ms。

（6）街道：需要同时满足高感知精确度和分辨率。感知精度在厘米级，感知分辨率在厘米级。

（7）偏远区域：需要满足～100%覆盖率，移动性支持 1000 km/h，覆盖范围超过 1000 km。

## 1.2.2 关键性能指标

通过初步测算，可以大体梳理出 6G 关键性能指标，如图 1-2 所示[2]。

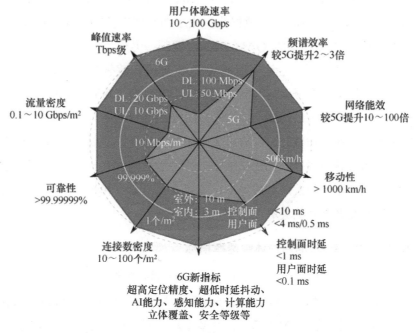

图 1-2 6G 的关键性能指标（KPI）与 5G 的对比[2]

相比 5G，未来 6G 在关键性能指标上有更高的要求，例如，峰值速率从 5G 的 10～20 Gbps 提高到太比特每秒（Tbps）级，用户体验速率从 5G 的 50～100 Mbps 提高到 10～100 Gbps，频谱效率较 5G 提升 2～3 倍，网络能效 较 5G 提升 10～100 倍，移动性从 500 km/h 提高到 1000 km/h，控制面时延从 10 ms 缩短到 1ms，用户面时延从 4 ms/0.5 ms 缩短到 0.1 ms，流量密度从 5G 的 10 Mbps/m² 提高到 0.1～10 Gbps/m²，可靠性从 99.999% 提高到 99.99999%，连接数密度从 1 个/m² 增加到 10～100 个/m²。6G 还有一些 5G 没 有做明确要求的新指标，例如，超高定位精度、超低时延抖动、AI 能力、感 知能力、计算能力、立体覆盖、安全等级等。

对以上 6G 的关键性能指标有望通过哪些技术来实现呢？下面我们简单分 析一下。

### 1. 太比特每秒（Tbps）级峰值速率指标

峰值速率直接由系统带宽、码率、调制阶数、数据流数、控制/导频开销等来决定。毫米波带宽的上限大约是 4 GHz，要达到 1 Tbps 的峰值速率，需采用 1024 QAM 调制和 40 个数据流，由于高频器件的相位噪声和非线性特性，波形质量很难支持 1024 QAM 的高阶调制；另外，由于波长较短，毫米波信道具有较强的直射径特性（信道稀疏），形成富散射的概率很小，很多流传输的可能性极小。对于太赫兹频段，由于带宽有可能达到 100 GHz，通过采用 256 QAM 和 2 个数据流就可以实现 1 Tbps 的峰值速率。新型调制编码可以使峰值速率的传输更加健壮，但要求大规模的并行译码，以实现超高速度的译码处理。除了太赫兹频段，无线光融合也有可能达到 1 Tbps，但这在很大程度上依赖于光电子器件的发展和成熟度，需要在发光器件和光电接收机的调制频带宽度，以及发光器件的集成度上有重大的突破。

### 2. 10～100 Gbps 的用户体验速率指标

中低频段的系统带宽有限，如在 200 MHz 带宽条件下，采用 64 发天线×4 收天线的多用户多输入多输出（Multi-User Multiple-Input Multiple-Output，MU-MIMO，也称多用户 MIMO，以及多用户空间复用），下行用 DDDSU（D 代表下行子帧，U 代表上行子帧，S 代表特殊子帧）的子帧配置和 30 kHz 的 OFDM 子载波间隔，通过系统级仿真，在保证一定的公平度和 1%误块率的条件下，其 5%边缘速率（下行体验速率）大约为 124 Mbps；上行用 DSUUD 的子帧配置和 15 kHz 的 OFDM 子载波间隔，通过系统级仿真，在保证一定的公平度和 1%误块率的条件下，其 5%边缘速率（上行体验速率）大约为 72 Mbps。需要指出的是，在中低频段部署时，即使增加系统带宽，如加到 1 GHz，上行体验速率一般不会随频带变宽而线性增加，其原因是中低频段的小区半径相对较大，而终端的发射功率有限，无法占满/利用更宽的频带。而对于高频段部署，由于路径损耗严重，小区半径通常设得很小，在这种情况下，终端反倒有可能占用较宽的频带，但又不超过最大发射功率，此时有可能达到 10 Gbps 以上的用户体验速率。因此，实现超过 10 Gbps 用户体验速率指标的最有可能的方式是太赫兹通信和无线光通信，在较小的覆盖范围内实现超大带宽的传输。此外，通过采用智能超表面和无蜂窝小区技术，也可以提高用户体验速率。

### 3. 重建服务体系，提供多层次精度服务

控制面时延较长的原因主要是由于需要多个步骤才能完成连接建立过程。对于传统的基于调度的系统，多步接入过程能够保证不同用户在建立过程中的传输减少资源碰撞的概率，提高随机接入的成功率，但存在时延问题。为降低控制面时延，一个比较有效的方式是对多步接入过程进行精简，只要有数据则立刻进行发送，无须多步握手过程，但这样会带来碰撞引起的干扰，需要通过新型多址等技术来解决。此外，无蜂窝小区、智能超表面、超大规模天线、新型编码调制、AI 空口等技术对降低控制面时延也有帮助。

### 4. 亚毫秒级的用户面时延

单向空口时延主要由基站/终端处理时延、帧对齐时延、数据传输时延三部分组成。其中，帧对齐时延、数据传输时延可通过帧结构/参数配置来降低，如采用补充下行链路（Supplementary Down Link，SDL）+补充上行链路（Supplementary Up Link，SUL）、120 kHz 子载波间隔、短时隙调度等技术，传输时间间隔（Transmission Time Interval，TTI）的时长大约是 9 μs（2 个 OFDM 符号），帧对齐+数据传输时延将缩小至 30 μs。5G 空口中最高的终端能力为最小处理时延 214 μs，为达到 0.1 ms 单向空口时延要求，基站或终端处理时延不应超过 70 μs。因此，缩短单向空口时延到 0.1 ms，瓶颈主要还是处理时延，需要比现有的基带处理能力提升 3~4 倍。用户面时延的另一个挑战之处在于多用户场景，一个基站要在亚毫秒级内同时处理多个用户的数据，这对整个小区的资源调度也会带来很大影响。通过采用智能超表面、超大规模天线、无蜂窝小区等技术，可以提高边缘用户的信道健壮性，以支持更多的超低时延用户接入系统，进行传输。

### 5. 7 个 9 的可靠性指标

5G 空口已支持 99.999%~99.9999%的可靠性[3]，为了对抗信道的频选特性，需要分配较大的带宽，以增加频率分集。对于 4 GHz 的载频带宽为 100 MHz，对于 700 MHz 的载频带宽为 40 MHz，如果需提升到 99.99999%的

可靠性，可以考虑如下方式：

（1）增加时域重复传输次数，其代价是增加传输时延；

（2）增加频域资源，其代价是占用更大的带宽；

（3）增加天线数或站点部署密度，其代价是增加部署成本。

可靠性指标在多用户场景中更具有挑战性，当每个用户占用了很大的带宽时，势必会降低系统能够同时支持的高可靠用户。而且，高可靠与低时延经常需要同时满足，在多用户的条件下更加难以实现。对空口技术而言，提升可靠性的主要技术有新型调制编码、无蜂窝小区和 AI 空口。

### 6. 1000 km/h 的移动性

移动性的定义是在满足服务质量（Quality of Service，QoS）要求的前提下，当给定数据传输速率或频谱效率时，终端所能支持的最大移动速度。在高移动速度下（速度在 500 km/h 以上），发送端信道状态信息（Channel State Information at the Transmitter，CSIT）很难准确获取，可以考虑使用开环 MIMO；另外，高速移动性带来的不仅是较高的多普勒频移，在具有散射的传播环境下，还会造成多普勒域的信道弥散，很难通过简单的频率补偿方法来克服。在这种情况下，如果还是打算采用多载波波形，则可以考虑变换域波形，以降低高速移动情形下的子载波间的干扰，根据初步的链路级仿真评估，考虑实际信道估计，变换域波形相对于传统 OFDM 方案，有 1～3.5 dB 链路性能增益，具体的增益与所允许的接收机方案有关。此外，通过无蜂窝小区、空天地一体化技术，能够有效加大小区的半径，减少小区切换频度，并且实现更广地理范围下的高速移动性。

### 7. 定位精度指标

3GPP 的 5G Release 16（Rel-16）的定位精度要求是 80%的用户室内水平定位精度在 3 m 以内，室外水平定位精度在 10 m 以内[4]。在 Release 17（Rel-17）中，对定位精度的要求有一定提升，对于工业物联网（Industrial Internet of Things，IIoT），90%的用户水平定位精度在 0.2 m 以内，垂直定位精度在 1 m 以内；对于一般的商用网络，90%的用户水平定位精度在 1 m 以内，垂直定位精度在 3 m 以内。6G 的定位精度指标在室外要达到亚米级,在室内要达到厘米级。在室外场景下,可以依靠密集部署、超大规模天线、感知等技术来进一步提升定位精度。具体地讲,更密集的站点部署可以提升信号接收强度、增加可分辨多径;超大规模天线可以形成更细的波束,提升空间角度分辨率;基于环境感知辅助的定位能够提供更加智能的环境感知信息,包括地图、指纹库等。在室内场景下,除了以上技术,还可以考虑太赫兹通信感知,利用超高的波束分辨率和超大带宽,提升定位精度。

### 8. 0.1～10 Gbps/m$^2$ 的流量密度

流量密度提升的最有效方式是增加基站密度,其次是采用更大的带宽,再次就是提升频谱效率。随着基站密度的增加,站间干扰会变得越来越严重,当基站密度达到一定的水平后,流量密度的增加会逐渐趋于饱和。如果是高频部署,则因为路径损耗加大,站间干扰相对于低频段情形不是十分严重,所以基站密度增加的空间更大。而且高频往往与大带宽相辅相成,流量密度的提升更容易在高频实现。值得一提的是,在中低频段,基站间的干扰可以通过无蜂窝小区或多点协作处理(Coordinated Multi-point Processing,CoMP)来降低。以 32 发天线×4 收天线的多用户 MIMO(MU-MIMO)为例,假设上下行信道具有互易性,采用 4 个天线端口(Antenna Port)的上行探测参考信号(Sounding Reference Signal,SRS),基站天线配置为(4, 4, 2, 1, 1; 4, 4),子载波间隔为 30 kHz,子帧配比为 DSUUD(D 代表下行子帧,S 代表特殊子帧,U 代表上行子帧),当可用带宽为 600 MHz 时,用 12 个相邻基站参与 CoMP。经过计算,流量密度约为 10.7 Mbps/m$^2$;当采用 64 发天线×8 收天线的 MU-MIMO 时,假设上下行信道具有互易性,采用 4 个天线端口的上行探测参考信号(SRS),基站天线配置为(8, 16, 2, 1, 1; 2, 16),子载波间隔为 120 kHz,子帧配比为 DSUUD,当带宽为 400 MHz 时,用 36 个相邻基站参与 CoMP。经过计算,此时流量密度约为 22.8 Mbps/m$^2$;智能超表面也有望提高系统的流量密度。当频谱效率给定时,需要更大的带宽,以及更高的站点密度来满足该指标,例如,在高频段,可用带宽增加到 4 GHz,用 36 个相邻基站参与 CoMP,流量密度可达到 0.23 Gbps/m$^2$。

### 9. $10^7 \sim 10^8$ 个/km² 的连接数密度

连接数密度定义为单位面积上，当满足所需要的 QoS 时，系统能够接入服务的终端数量。在 5G 中，这个 QoS 的定义为 32 B 大小的数据包在 10 s 内被成功接收，所假定的包到达率很低，平均 24 小时只有几个。因此按照这个推算，采用窄带物联网（Narrow Band Internet of Things，NB-IoT）技术，在 180 kHz 的带宽内可以满足 $10^6$ 个/km² 的该类物联网终端密度。但是，6G 的超大规模连接的业务模型比 5G 的更加丰富，不仅支持低功率广覆盖（Low Power Wide Area，LPWA）式的业务，而且还包括对传输速率和传输时延要求比较高的业务，如各类监控、传感设备等，数据包的大小会超过 32 B，时延要求在毫秒级以内。而且随着连接数的增加，控制信令的开销会大幅度增加，需要采用"轻控制"的传输方式，否则系统的资源大部分都消耗在控制信令上，而没有足够的无线资源用于数据的传输。"轻控制"传输对多址技术的研究提出了更高要求，有可能涉及多用户的信道编码、交织、扰码、波形设计等数字移动通信的基础。此外，无蜂窝小区、智能超表面、超大规模天线等技术有助于提升每个连接的频谱效率，从而提高整个系统的连接数密度。海量连接的终端还包括远洋船只上的各类传感器和人迹罕至地区的遥感探测装置，需要通过通信卫星联网，涉及空天地一体化技术。

### 10. 2～3 倍频谱效率的提升

在空口的各个关键技术指标中，频谱效率最能体现物理层技术的整体水平，涉及波形多址、信道编码、多天线技术（包括智能超表面、无蜂窝小区、超大规模天线等）、各类物理层的控制与反馈、无线资源调度等，也是极具挑战性的，尤其是对于宏小区同构。原因有二：

一是移动通信经过五代的演进，其物理层已汇聚了很多前人经过几十年研究的成果，在基本信号处理、信道编码和多天线领域，近些年来的重大理论和技术突破不是很多，一些改进性的方案只是增量式的，"质"的飞跃并不多见；

二是 4G 和 5G 系统容量和速率的提升在很大程度上来自系统带宽的增大，而大的带宽通常只有在高频段才有可能，但是高频通信面临器件功放效率低、路径损耗严重、传播环境缺乏散射/衍射等问题，对系统的频谱效率会产生很大的负面影响。

从传统意义上讲，频谱效率的评估主要是针对移动宽带业务或增强移动宽带（enhanced Mobile BroadBand，eMBB），且考虑宏小区同构部署。5G 频谱效率比 4G 频谱效率的提升主要得益于大规模多输入多输出（Massive MIMO）天线技术，在 6G 中，继续增加基站天线数对频谱效率的提升应该会有一定的帮助。以现有 3GPP 5G 空口标准作为参考，即截止到 Rel-16 的 32 发天线×4 收天线的 MU-MIMO，对于中低频段（如低于 6 GHz）和低速移动场景（如小于 30 km/h），采用 64 发天线×4 收天线的 MU-MIMO，在基站侧有 128 个数字天线端口，与参考的基线相比，小区平均频谱效率大约可以提升 15%，边缘用户频谱效率大约可以提升 32%。中低频段的上行频谱效率的情形与下行的类似，另外，还可以采用无蜂窝小区、多址接入、智能超表面等技术来提高系统的频谱效率。

对于高频段（高于 7 GHz），如毫米波，系统性能的主要挑战是实现宏小区内的广域覆盖，而不是频谱效率，所以在实际产品的混合型多输入多输出（Hybrid-MIMO）架构中，数字通道一般不超过 4 个，每个数字通道通过采用较多数量的天线单元实现较细的模拟波束，从而保证承载同步信道、系统消息和物理控制信道等的基本覆盖。如上文提到，由于毫米波器件的非理想特性，很难支持高阶调制和高码率，再加上缺乏散射和衍射条件，呈现较强的信道稀疏性，只能支持流数较少的 MIMO 传输。与毫米波所占的大带宽相比，毫米波传输的频谱效率一般是比较低的。尽管 3GPP 中对毫米波系统开展系统级仿真评估的公司很少，数据结果不全，但根据以上分析，在 5G 毫米波 eMBB 场景下，宏小区频谱效率的基线参考值应该不高。如果 6G 毫米波超宽带场景在宏小区的主要挑战仍然是广域覆盖，则频谱效率的提升就显得不那么必要了；但如果 6G 毫米波在宏小区部署中对频谱效率也有较高要求，则可以考虑用"全数字"毫米波天线架构来提升同时调度的用户数和 MIMO 的传输流数，但前提是能够有效地解决消息/控制类信道在宏小区中的覆盖问题，以及射频/功率放大器能耗较高的问题。

以上的 6G 关键性能指标（Key Performance Index，KPI）与潜在空口关键技术的对应关系如图 1-3 所示，可以看出智能超表面技术对满足所要求的用户体验速率、控制面时延、用户面时延、流量密度、连接数密度、频谱效率、网络能效、定位精度等性能指标起到重要的作用。

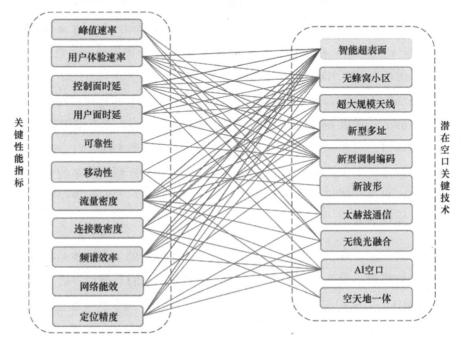

图 1-3　6G 关键性能指标（KPI）与潜在空口关键技术的对应关系

# 1.3　信息超材料的发展简介

超材料是指一大类对外部激励具有响应的可编程材料，这种响应往往是比较快速的，并在物理特性上有明显改变。外部激励可以有多种物理机制，如温度变化、压力变化、湿度变化、电磁场变化、光强变化等。超材料的控制可以分为两种方式：整体控制和局部控制。局部控制的超材料相对更加先进，稍后再介绍。整体控制的超材料有以下 4 类。[5]

（1）电控超材料：这类材料中的大部分具有电学敏感性，液晶就是其中一种常见的此类材料，由于光学显示技术的迅猛发展，液晶目前能够大规模地生产。当外界偏置电场发生改变时，液晶会重新调整内部分子的方向，产生与电压大小有关的双折射现象。因为液晶具有良好的流动性，所以可以渗透到各种超材料的结构当中，从而改变超材料的折射系数。另一种比较有名的电控超材料是石墨烯（Graphene）。

（2）磁控超材料：这种材料的优点在于外部激励不需要与材料直接接触。一种十分常用的制造方式是用外部磁场引导胶状颗粒的自我组装，即从超材料中单个纳米级别的偶极子胶状颗粒的运动，最后形成在整个材料中的偶极子颗粒的同步运动。具有磁学敏感共振特性的另一种常用材料是由微小的铁丝/铁棍构成的，它们各自具有不同的磁饱和度。

（3）光控超材料：对于一些具有光电导特性的半导体材料，如硅（Si）和砷化镓（GaAs），通过红外线照射，可以调节它们的电导率。像硅这样的材料，还可以嵌入谐振结构中，当有光照时，谐振结构的几何特性会发生改变，从而改变材料的基本谐振模态。

（4）温控超材料：不少超级分子或基底材料对温度十分敏感，温度变化会使介电常数发生改变，从而改变超材料的电磁响应特性。相变材料就是其中的一种，以比较有名的二氧化钒为例，在室温条件下，材料呈现绝缘体的特性，而当温度升高后，由于自由电子的聚集，材料呈现金属导电状态。

超材料的"超"是强调在自然界不存在或者很不容易形成的某种材料特性。以材料的介电常数和磁导率为例，通常材料与超材料的对比如图 1-4 所示，通常的水、玻璃等常规介质的相对介电常数和磁导率均大于 0；少量磁性材料的磁导率可以为负值（介电常数仍为正值）。但此时的磁导率的绝对值都比较小；对于导电的金属，其介电常数与环境电磁波的频率有关，一般用复数表示，其中的实部表示金属对电磁波的色散，虚部表示对电磁波的吸收。当环境电磁场的频率低于等离子频率时，该金属的介电常数（实部）为负。对于通常的良导体金属，如银的等离子频率高达 965 THz（波长 = 310 nm），属于紫外线波段。随着环境电磁场频率的降低，金属介电常数的虚部逐渐增大，意味着吸收更多的电磁波转化成为焦耳热（注意这里涉及的不是界面电磁学，金属材料表面不是光滑平板，无法有效反射电磁波）。等离子频率处于光波频率，与射频频段相差很大，也就是说，在射频频段，大部分电磁波会被导电金属所吸收，这种情形不利于材料对电磁波透射或反射。为了在射频频段实现有效的透射或反射，需要降低等效的等离子频率。从等离子频率的表达式中可以看出，降低电子密度能够降低等离子频率。具体的设计可以依据场平均理论。导电金属的磁导率通常都是大于 0 的。

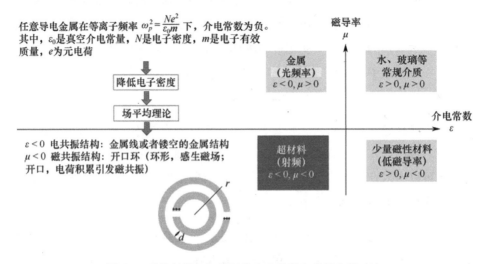

图 1-4　通常材料与超材料的介电常数和磁导率的对比

　　介电常数和磁导率同时小于 0 的材料在自然界是很少有的，但可以人工产生。该人工材料常被称为"左手材料"，体现在折射现象中就是：折射光线/波束和入射光线/波束处于界面法线的同一侧，超材料的功能举例如图 1-5 所示。利用超材料这些"反常"的电磁特性，可以实现电磁隐身、平面聚焦等常规材料很难具备的功能。注意，这里的"人工产生"并不是在微观层面改变材料的原子/分子的组成、结构或排布的，而是通过设计和制作大量亚波长的微细结构，改变材料的等效介电常数和磁导率的。例如，采用金属线或镂空的金属结构，可以构造出介电常数为负，并且工作在射频频段的电磁波共振结构；采用开口环，即对环形感生磁场进行开口，造成电荷积累，引发磁共振，从而使磁导率为负。

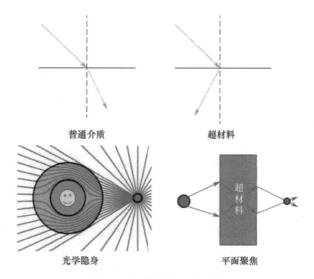

图 1-5　超材料的功能举例

　　超材料的发展经历了从三维超材料到二维超材料（超构表面），再到智能超材料的三个阶段，日趋走向成熟，如图 1-6 所示。最开始的三维超材料体系复杂、制备困难，而且存在较高的材料损耗；之后的二维超材料把设计问题聚焦到材料表面，超构表面采用平面结构，比较容易制备，材料的损耗有所降低，调控的自由度增大，形成了界面电磁学；智能超材料可以实现定制化、更灵活的数字调控。将整个超表面分成多个阵列单元，借助 FPGA 输出序列调整每个单元内部二极管开关的通断，实现了对电磁波的数字可编程直接调控[6]，所以也称之为信息超材料。

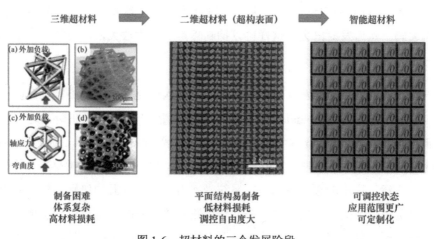

图 1-6　超材料的三个发展阶段

## 1.4　LTE 中继的基本特性

因为本书要介绍的智能超表面（Reconfigurable Intelligent Surface，RIS）主要以无线中继的形式来改善电磁环境，而且可能会影响空口协议标准，所以有必要简单回顾一下 3GPP Release 10（Rel-10）曾经研究和标准化的 LTE 中继，这样有助于总结经验教训，在 RIS 今后的方案设计和标准化方面把握好技术研究和推进的节奏和方向，少走弯路，让 RIS 中继在未来移动通信网络中发挥更大的作用。

无线中继是异构网络中的一类低功率节点，发射功率、天线配置、天线高度等参数指标与宏站有较大差别。无线中继与其他类型低功率节点的最大区别在于它的回传链路，即它与宏站之间是通过无线传输的。为限制信令的复杂度和多跳的总传输时延，4G LTE 在标准研究之初就确定了两跳中继作为主要的设计对象，即下行是从宏基站到中继节点，然后从中继节点到终端（称为接入链路，Access Link），上行反之。服务中继的宏基站通常也称宿主基站（Donor eNB），因为中继只有通过宿主基站才能与网络相连。

LTE Rel-10 的中继[7-8]具有基带处理能力，即中继接收到的信号经过解码和再编码，然后发射出去。这样可以抑制噪声的再次放大，但会带来一定的处理时延。

LTE 中继的回传链路（宏站到中继）和接入链路（中继到终端）在同一频带工作，即带内中继（Inband Relay），所以只需一套射频。在研究之初，回传链路和接入链路的资源考虑过两种方式：频分复用（Frequency Division Multiplexed，FDM）和时分复用（Time Division Multiplexed，TDM），如图 1-7 所示。注意，这里的频分复用是在系统带宽内的，如资源块级别。频分复用的优点是资源分配的灵活度较高，在回传链路和接入链路中都可以动态地调度资源。但是频分复用有两大挑战难以克服：第一，频域的保护间隔，为了防止两条链路之间的串扰，一般要求隔离深度为 50～60 dB，而根据一般射频滤波器能达到的带外抑制水平，不可避免地需要隔离带，从而占用一部分系统带宽，影响频谱利用率；第二，LTE 物理下行控制信道（Physical Downlink Control CHannel，PDCCH）和小区公共参考信号（Cell-specific Reference Signal，CRS）是在整个系统带宽上发射的，频分复用无法兼容现有的终端。而时分复用在兼容性方面没有大的问题，无明显的串扰，只是需要预留时间隔离来完成"收/发"或者"发/收"的转换。因此，LTE 中继的回传链路与接入链路采用时分复用方式，即在任何一个时刻，只有其中一条链路在传输。

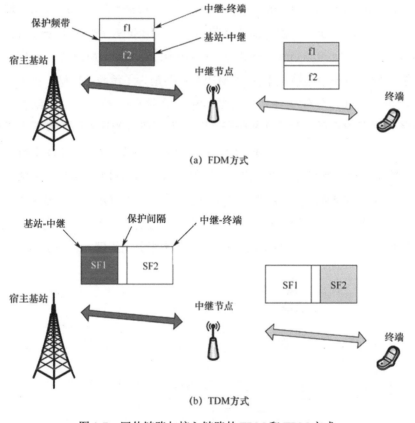

图 1-7　回传链路与接入链路的 FDM 和 TDM 方式

中继节点的移动性可以分为固定中继（Stationary/Fixed Relay）和移动中继（Mobile Relay）。固定中继的回传链路的质量比较高，尤其进行了部署地点优化后，对网络架构的影响较小，因此它是 Rel-10 中继标准化的重点。

LTE 中继有自己独立的小区识别（Cell ID），发射自己的同步信号［包括主同步信号（Primary Synchronization Signal，PSS）和辅同步信号（Secondary Synchronization Signal，SSS）］，小区公共参考信号（CRS），物理下行控制信道（PDCCH）等。对于终端，LTE 中继相当于基站的一个扇区，其接入链路应该完全兼容 LTE 终端。LTE Release 8（Rel-8）的终端会假定 CRS 在每个子帧发送，以保证测量和信道估计的准确性。但是，由于回传链路和接入链路采用时分复用，若中继在一个子帧接收宏站发射的信号，则无法发信号给其服务的终端。为解决这个矛盾，LTE 中继采取在它的小区配置多播广播单频网络（Multicast Broadcast Single Frequency Network，MBSFN）子帧的方式，通知它所服务的终端，在哪些子帧不需要接收 CRS。MBSFN 子帧本来是针对多媒体广播多播业务（Multimedia Broadcast Multicast Service，MBMS）而标准化的物理层子帧，但在中继情况下配置 MBSFN 不是为了承载 MBMS 业务，而是借用该指令方式，告知中继所服务的终端：在这些子帧的后 12 或者 13 个 OFDM 符号是空白的，如图 1-8 所示，从中继所服务的终端的角度看中继可能发送的信号/信道。注意，在 MBSFN 子帧的前一个或前两个 OFDM 符号，需要承载物理下行控制信道（PDCCH），以保持宿主基站对所服务的普通终端（不由中继服务）的控制。言外之意，中继在这一个或两个 OFDM 符号中不能接收来自宿主基站的信号。中继此时不能接收下行信号的另一个原因是它有可能在接入子帧开始的几个符号（如 L1/L2 控制）中向所服务的终端发送控制信息。

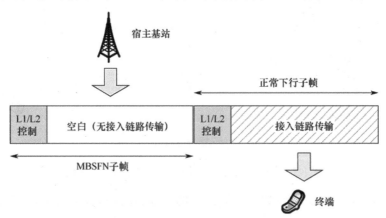

图 1-8　LTE 中继的 MBSFN 子帧配置（没有显示控制区域与业务区域
之间的时域保护间隔）

对于 LTE 中继，需要在回传子帧里设计新的物理下行控制信道，称之为
R-PDCCH（Relay-PDCCH），对中继发送控制信令。R-PDCCH 占用物理下行
共享信道（Physical Downlink Shared CHannel，PDSCH），即下行业务信道中
的资源，如图 1-9 所示。R-PDCCH 与 PDSCH 可以按频率复用，或者按时域复
用。如果按时域复用，则其后面那块 PDSCH 资源只能分配给中继，因为 Rel-8
终端的资源是以一对物理资源块（Physical Resource Block，PRB）为单位的。注
意，中继采用的定时方式使接入链路的发送时间相对于回传链路的接收时间有一
个 $\varDelta$ 的时延，这个时延取决于中继的"收/发"或者"发/收"切换时间。

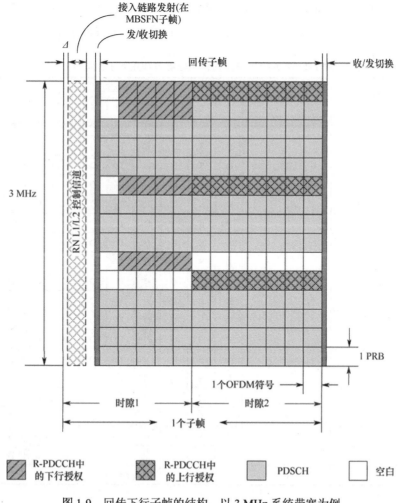

图 1-9　回传下行子帧的结构，以 3 MHz 系统带宽为例

LTE 中继的回传子帧是通过高层半静态配置的，否则中继的调度器无法事先知道哪些子帧是分配给接入链路的，会大幅增加动态资源调度的难度和复杂度。回传子帧的设计和配置与混合自动重传请求（Hybrid Automatic Repeat reQuest，HARQ）时序有很密切的关系。以时分长期演进（Time Division Long Term Evolution，TD-LTE）为例，时分双工（Time Division Duplexing，TDD）共有 7 种上下行子帧配置，配置 0 显然是不适合用在中继当中的，因为除了特殊子帧（#1, #6）和子帧#0, #5，其他子帧是无法配置成下行子帧的。而配置 5 只有一个上行子帧，很难再细分给回传链路和接入链路使用。对于其他 5 种上下行子帧配置，TD-LTE 中继定义了共 19 种回传子帧配置，如表 1-2 所示，以灰色阴影表示。没有底色的是接入链路可以配置的子帧。

表 1-2　TD-LTE 中继回传子帧配置和接入子帧配置

| 回传子帧配置索引 | 上下行子帧配置 | 子帧索引 $n$ | | | | | | | | | |
| --- | --- | --- | --- | --- | --- | --- | --- | --- | --- | --- | --- |
| | | 0 | 1 | 2 | 3 | 4 | 5 | 6 | 7 | 8 | 9 |
| 0 | 1 | D | S | U | U | **D** | D | S | U | **U** | D |
| 1 | | D | S | U | **U** | D | D | S | U | U | **D** |
| 2 | | D | S | U | U | **D** | D | S | U | **U** | D |
| 3 | | D | S | U | **U** | D | D | S | U | U | **D** |
| 4 | | D | S | U | **U** | D | D | S | U | **U** | D |
| 5 | 2 | D | S | **U** | D | D | D | S | U | **D** | D |
| 6 | | D | S | U | **D** | D | D | S | U | **D** | D |
| 7 | | D | S | **U** | D | **D** | D | S | U | **D** | D |
| 8 | | D | S | U | **D** | D | D | S | U | **D** | D |
| 9 | | D | S | **U** | D | **D** | D | S | U | **D** | D |
| 10 | | D | S | U | **D** | D | D | S | U | **D** | D |
| 11 | 3 | D | S | U | **U** | U | D | D | **D** | **D** | **D** |
| 12 | | D | S | U | **U** | U | D | D | **D** | **D** | **D** |
| 13 | 4 | D | S | U | **U** | U | D | D | **D** | **D** | **D** |
| 14 | | D | S | U | **U** | U | D | D | **D** | **D** | **D** |
| 15 | | D | S | U | **U** | U | D | D | **D** | **D** | **D** |
| 16 | | D | S | U | **U** | U | D | D | **D** | **D** | **D** |
| 17 | | D | S | U | **U** | **D** | D | D | **D** | **D** | **D** |
| 18 | 6 | D | S | U | U | **U** | D | S | U | U | **D** |

## 1.5　本书的目的和篇章结构

智能超表面技术融合了材料科学的最新突破和传统移动通信中的多天线技术，实现了可编程超材料对电磁波的控制，近三年来，无论是学术界还是工业界，很多专家学者都对其产生了研究兴趣，超材料在中国的发展速度也很快，目前我国在超材料领域及移动通信用的智能超表面方向上的研究已经处于全球第一梯队。本书旨在分享作者对智能超表面研究的初探，激发业界更多的研究和开发人员对信息超材料在通信领域应用的兴趣。

本书的篇章结构如图 1-10 所示，第 1 章对前几代移动通信、6G 应用场景及潜在空口技术、超材料发展历史和 LTE 中继进行了背景性的介绍。第 2 章和第 3 章对支撑智能超表面中继的两大学科基础展开了系统性的描述。其中第 2 章是信息超材料的特性，涉及超材料的基本结构和设计原理、器件仿真和实际性能、器件控制等。第 3 章是多天线通信技术基础，分别介绍了单用户空间复用、多用户空间复用和空间信道模型与有源天线模型。第 4 章全面介绍了智

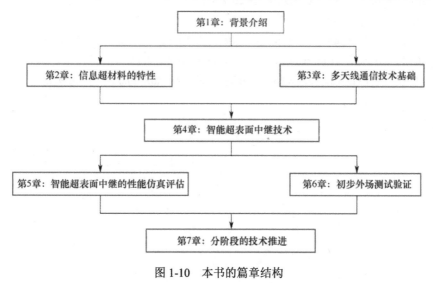

图 1-10　本书的篇章结构

能超表面中继技术，包含系统模型、理论性能分析、波束赋形技术和小尺度信道估计与反馈。接下来的第 5 章和第 6 章是比较实际的性能评估与验证。其中第 5 介绍了智能超表面中继的链路级仿真、系统仿真评估方法和性能仿真初步结果。第 6 章是将智能超表面中继部署在外场现网中，测试其在不同场景下的性能。第 7 章论述了智能超表面技术的分阶段的技术推进思想、目前在 3GPP 的相关研究，以及未来的研究和标准化。

# 本章参考文献

[1] IMT-2030（6G）推进组. 6G 总体愿景与潜在关键技术白皮书[R]. 2021.

[2] 中国移动, 沃达丰（Vodafone），美国无线运营商（US Cellular），等. 6G 应用场景与分析白皮书[R]. 2021.

[3] 3GPP. Study on self evaluation towards IMT-2020: TR 37.910[S].2020.

[4] 3GPP. Study on NR positioning enhancements: TR 38.857[S].2021.

[5] LIU F, PITILAKIS A, MIRMOOSA M S, et al. Programmable metasurfaces: state of the art and prospects[C]. 2018 IEEE Interntional Symposium. on Circuits and Systems (ISCAS), 2018: 18242934. DOI:10.1109/ISCAS.2018.8351817.

[6] CUI T J, QI M Q, WAN X, et al. Coding metamaterials, digital metamaterials and programmable metamaterials[J]. Light-Science & Applications, 2014, 3(10): e218.

[7] 3GPP. Physical layer for relaying operation: TS 36.216[S].2015.

[8] YUAN Y F. LTE-Advanced relay technology and standardization[M]. Springer, 2012.

# 第 2 章　信息超材料的特性

智能超表面中继是跨学科技术，其中一个重要的内容是材料科学，尤其是信息超材料的发展。本章将从信息超材料的基本结构与设计原理、器件仿真和实际性能验证、RIS 器件的控制等三个方面进行系统描述。

## 2.1　基本结构与设计原理

信息超材料器件的基础是材料本身，因此本节首先讲解常用器件/材料类型，然后介绍信息超材料的基本结构，最后对具体的器件设计进行描述。

### 2.1.1　常用器件/材料类型

如本书第 1 章中介绍的，超表面是指一大类人工材料，其表面由具有周期性结构或非周期性结构的大量单元排布而成。最初的超表面结构是固定不可调的，一旦制备就很难再改变它们的电磁响应特性。而信息超材料利用电磁特性可调的单元结构组成阵列，从而实现对出射电磁波的调控。第 1 章列举了几类信息超材料，这里我们深入地逐一进行描述。

信息超材料种类的选择与工作频率有关，表 2-1 列举了电磁敏感的信息超材料/器件。材料的选取一方面是基于可调器件的自身特性，另一方面还要考虑器件的加工尺寸。无线系统的主要工作频段包括微波频段和太赫兹频段。在微波频频段，比较常用的电敏材料有开关二极管和可变电容（变容）二极管，在太赫兹频段，液晶和石墨烯是比较优良的信息超材料。

表 2-1　电磁敏感的信息超材料/器件

| 工 作 频 段 | 微 波 频 段 | 太 赫 兹 频 段 | 光 波 段 |
|---|---|---|---|
| 适合的电控超材料 | • 开关二极管<br>• 变容二极管<br>• 铁电体<br>• 铁磁体<br>• MEMS 器件 | • 开关二极管<br>• 液晶<br>• 石墨烯<br>• 相位可变材料<br>• 半导体（掺杂硅）等 | • 非线性材料<br>• 纳米光机系统 |

### 1. 开关二极管

开关二极管顾名思义具有两种工作状态：导通和断开。这两种状态的切换是通过控制其两端加载的偏置电压来实现的。图 2-1 是一个由 P 型半导体、本征层（Intrinsic Layer）和 N 型半导体组成的 PIN 开关二极管的内部结构。通过施加正向或反向直流偏置电压来切换导通和关断状态。

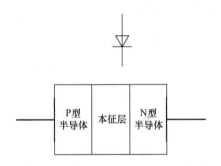

图 2-1　PIN 开关二极管的内部结构

开关二极管具有离散的调控特性，只有两种状态。由于开关二极管的通断状态不同，会使得超表面单元的阻抗发生改变，从而对入射电磁波产生不同的响应。用一个开关二极管控制的超表面单元，只能形成"1"和"0"两种状态，与信息领域的比特信息"1"和"0"建立起关系。而大量的二进制超表面单元组成阵列，与信息领域的二进制编码序列相对应，在物理世界与数字世界之间建立起一座桥梁，这正是"信息超表面"名词的由来。

开关二极管的响应时间较短，根据不同的技术指标，其调整速度为 1～100 ns，工作频段在几兆赫至几十吉赫不等。市面上常见的一些 PIN 开关二极管型号，如美国 Skyworks 公司生产的 SMP1320 所针对的工作频率范围是

10 MHz～10 GHz，它的直流特性比较好，导通电压仅为 0.56 V。但是 SMP1320 的性能稳定性不很理想，主要问题是自身的电容较高。另一种 PIN 开关二极管是美国 Macom 公司生产的 MADP-00907-1420P，其切换速度为 2～3 ns，工作频率可达 60 GHz。这种开关二极管的电容很低，可以在较高的频率下工作。它的串联电阻也较低，所以传输损耗也比较低。结合图 2-2，在表 2-2 中列举了 MADP-00907-1420P 型 PIN 开关二极管的主要尺寸公差。

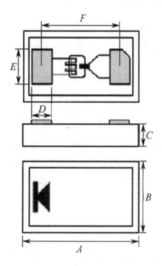

图 2-2　MADP-00907-1420P 型 PIN 开关二极管的主要尺寸公差

表 2-2　MADP-00907-1420P 型 PIN 开关二极管的主要尺寸公差

| 类　　别 | 尺　　寸 | |
| :---: | :---: | :---: |
| | 最小值 / mm | 最大值 / mm |
| A | 0.660 | 0.686 |
| B | 0.343 | 0.368 |
| C | 0.165 | 0.191 |
| D | 0.109 | 0.135 |
| E | 0.173 | 0.185 |
| F | 0.462 | 0.486 |

开关二极管还可以当变阻器使用，图 2-3 所示是开关二极管的型号为 SMP1320 的电阻–正向电流的性能曲线。

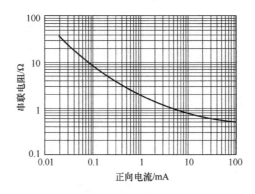

图 2-3　SMP1320 的电阻–正向电流的性能曲线

开关二极管对入射电磁波的极化特性不敏感，对于单极化智能超表面，在元器件两端加载偏置电压并导通后，元器件导通方向即为智能超表面的主极化方向。不同极化的电磁波入射超表面，都只会在每个单元上激励起沿主极化方向的表面电流，并产生幅度、相位调控效果，出射电磁波为电场沿主极化方向的极化电磁波；入射电磁波的交叉极化分量无法在单元上激励起表面电流，单元不会产生幅度、相位调控效果。

### 2. 变容二极管

变容二极管的电容会随偏置电压的变化而连续变化。图 2-4 是一个由 P 型半导体、中间一个耗尽区（Depletion Region）和 N 型半导体组成的变容二极管的内部结构。它的最大特点是可以对超表面的电磁特性做"模拟式"的连续调控。基于变容二极管的一个超表面单元例子如图 2-5（a）所示，变容二极管电容变化引起超表面单元等效阻抗的变化，从而改变了器件的电磁特性。由于变容二极管的"模拟"特性，单元结构对相位的调控也是连续的，图 2-5（b）显示了其调控范围。

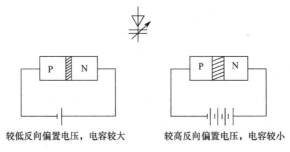

图 2-4　变容二极管的内部结构

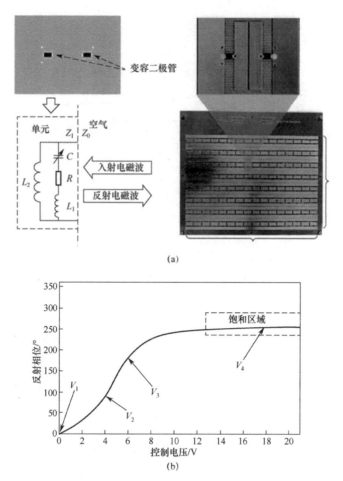

(a)

(b)

图 2-5　变容二极管构成的超表面单元以及对入射电磁波相位的调控[1-2]

　　基于变容二极管的超表面可以对每个单元的电磁参数进行连续调控，从而对入射电磁波的幅度和相位做可控的调节。但相比开关二极管，变容二极管的时间响应较慢，在微秒级。现在市面上有两种常见型号的变容二极管比较适用于超表面单元，一种是 Skyworks 公司的 SMV1405～SMV1413 系列，具有较高 $Q$ 值和较低的串联电阻，不足之处是变容范围有限，为 0.7～10 pF，其电压-电容特性曲线如图 2-6 所示。

　　另一种是 Macom 公司的 MAVR-011020-1411，它的寄生电容比较低，可以在高速率下工作，电容随偏置电压连续变化，其电压-电容特性曲线如图 2-7 所示，环境温度为 25℃。

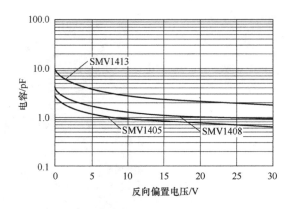

图 2-6　SMV1405～SMV1413 系列的电压−电容特性曲线

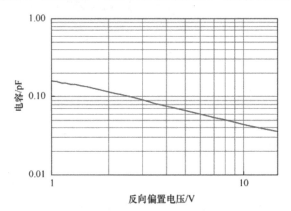

图 2-7　MAVR-011020-1411 的电压−电容特性曲线

与开关二极管类似，变容二极管本身对入射电磁波的极化方向也不敏感，只会在每个单元上激励起沿主极化方向的表面电流，并产生幅度、相位调控效果。

液晶是一种物理相变状态，这种状态下的物质体现出介于传统液态和传统固态之间的某些特性，如呈现出液态下的流动性，但其分子又具有一般固态时才有的晶体形态，体现在特定方向上的纹理性质。对于具有电敏感的液晶超材料，在特定的微波频率照射下，其有效介电常数与液晶分子相对于参考轴的角度有关，而液晶分子的取向可以通过周围静电场的强弱而调整。图 2-8 所示是一个基于液晶调控的超表面单元结构，由两块印制电路板（Printed Circuit Board，PCB）构成，它们之间填充一层较薄的液晶。直流电压从下边 PCB 的微带贴片中心加载，上边 PCB 的微带贴片连接顶层的金属网格形成回路。

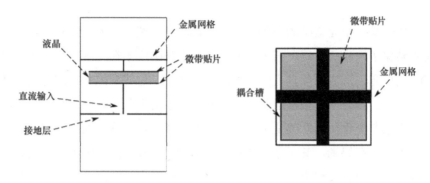

图 2-8　基于液晶调控的超表面单元结构

图 2-9 所示是电控液晶分子取向示意图。在没有外加静电场时，多数液晶分子的方向是沿着微观沟槽取向层所确定的优选方向，此时贴片层的有效介电常数主要由垂直方向介电常数决定，且为最小值。在外加静电场时，液晶分子将沿着与静电场垂直的方向排列，有效介电常数也从垂直方向往水平方向变化，整个液晶超材料的有效介电常数增加，这种有效介电常数与静电场电压的关系使得我们可以通过控制液晶超材料单元中的微带贴片间的电压，从而单独调节每个单元的有效介电常数。而有效介电常数的变化将引起液晶超材料单元输入电容和阻抗的变化。液晶超材料的特点是电磁响应比较平坦，工作带宽较大，且可以连续调节，十分适用于毫米波频段和太赫兹频段。液晶超材料的相变转换时间在毫秒级，相比前面介绍的开关二极管和变容二极管要慢许多。液晶超材料对入射电磁波的极化方向比较敏感。它的工作频率在 321 GHz 和 1 THz 之间。

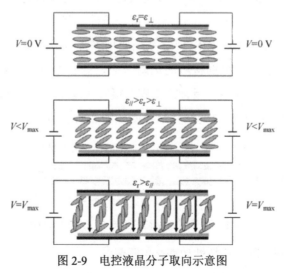

图 2-9　电控液晶分子取向示意图

石墨烯是化学元素碳的一种同素异形体，与天然存在的石墨和金刚石一样都是由碳原子构成的单质。石墨烯的结构特点是碳原子在二维方向按照蜂窝六边形规则排布，形成厚度只有纳米级的一个薄层，这些碳原子之间通过化学双键紧密联合。当外部电压发生变化时，石墨烯中的载流子密度也随之变化，费米能级也跟着变化，因此改变了石墨烯的电导率。根据这个物理原理，超表面单元可以基于石墨烯，其示意图和相位调节性质如图 2-10 所示。石墨烯的工作带宽很宽，而且其相位可以连续调节。另外，石墨烯状态的调控可以在纳秒级，对控制激励的响应速度极快。工作频段可以覆盖太赫兹频段。

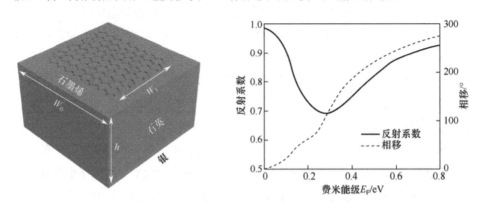

图 2-10　基于石墨烯超表面单元的示意图和相位调节性质[3]

当前，针对低能耗 RIS，业界普遍认为存在三种可行方案：（1）太阳能、蓄电池供能；（2）机械调控；（3）更换可调器件。其中，更换可调器件因具有不影响调节速率、不改变 RIS 现有系统架构等特点成为首选。根据忆阻器原理，利用二元或多元氧化物材料的忆阻效应，结合绝缘透波材料及高电导材料，可设计替代 PIN 开关二极管或变容二极管实现 RIS 相位调节多层 RIS 结构。基于阻变材料的 RIS 单元结构示意图如图 2-11 所示。

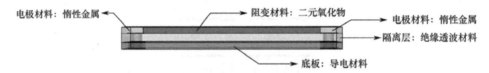

图 2-11　基于阻变材料的 RIS 单元结构示意图

电磁敏感材料/器件的特性如表 2-3 所示。

表 2-3　电磁敏感材料/器件的特性

| 材料/器件 | 工 作 频 段 | 调 整 状 态 | 调整速度 | 极化敏感度 | 制备工艺 | 成　　本 |
|---|---|---|---|---|---|---|
| 开关二极管 | 1.7～60 GHz，以及太赫兹 | 离散二进制 | 1～100 ns | 不敏感 | 简单 | 中等 |
| 变容二极管 | 0.98～3.78 GHz | 连续 | 1 μs | 不敏感 | 简单 | 中等 |
| 液晶 | 321～1000 GHz | 连续 | 5～20 ms | 敏感 | 复杂 | 中等 |
| 石墨烯 | 4.25～5.57 THz | 连续 | < 10 ns | 敏感 | 复杂 | 中等 |

印制电路板（PCB）是重要的电子部件，起到电子元器件的支撑及其之间电气连接的作用。由于它是采用电子印刷术制作的，故称之为印制电路板。PCB 由内核层、电气层和铜箔等组成，最终通过胶粘叠在一起组成完整的 PCB 层叠结构。RIS 单元从单元设计到仿真，最终通过 PCB 制板加工出来，所以 PCB 设计和加工的质量，决定了 RIS 最终的性能。

### 2.1.2　基本结构

信息超材料面板是由多个可调单元构成的。RIS 单元构成的断面示意图（以反射式为例）如图 2-12 所示。它由表面层、介质层、馈电层及接地层组成。表面层、接地层和馈电层均为金属，厚度通常小于 0.05 mm。表面层金属薄层通常不是一整块连续的，而是有特殊的平面形状，不同区域的金属薄层之间可以由各类可调元器件，如开关二极管、变容二极管等连接。介质层一方面起到绝缘作用，另一方面起到结构支撑作用，一般来讲，电介质衬底厚度小于入射波长。在介质层中有很细的过孔并填充金属作为偏置电压馈电柱，每个馈电柱可连接接地层和表面层金属，或者连接馈电层和表面层金属，当馈电层和接地层存在偏置电压差时，使得表面层的不同区域的金属薄片之间产生电压差，即可使得可调元器件的两端产生偏置电压。

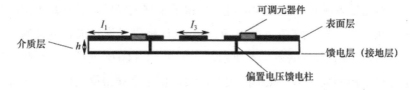

图 2-12　RIS 单元构成的断面示意图

（以反射式为例，馈电层与接地层处于同一层的不同区域）

为拓宽 RIS 的部署场景，其面板也可以做成透射式的。透射式 RIS 面板通常有两种典型结构，如图 2-13 所示。

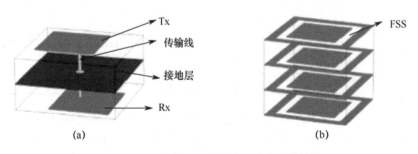

图 2-13　透射式 RIS 面板的两种典型结构[4]

透射式 RIS 的第一种结构是接收-发射式，通常包含三个部件：接收区域、发射区域和功率传送部分。它通常还会夹一块接地隔板以分开接收区域和发射区域，使得接收和发射可以独立工作，并降低收/发之间的干扰。功率传送部分通常由金属过孔或缝隙耦合来完成。当 RIS 面板被入射电磁波照射时，接收区域将无线电波转化为波导波，然后由功率传送部分传导至 RIS 面板的发射区域，之后向自由空间辐射。调相的功能可以由接收区域、发射区域或功率传送部分来完成。第二种结构是频选表面叠层，这种结构包含多层的频选表面，每个频选表面由金属层和介质衬底组成。当电磁波穿过每个频选表面之后，就会产生一定程度的相移。随着串联层数的增多，可以得到更大程度的相移。不同频选表面的间距是一个重要的设计参数，频选表面叠层结构的厚度比接收-发射结构的厚度要厚一些，但它不需要中间的接地层。

在可控 RIS 出现之前，对于功能固定的非 RIS，已经有大量的研究和工程实践，得到了广泛的应用。尽管固定 RIS 单元是完全无源的，其中没有可调元器件，但通过各种设计尝试和部署，积累了丰富的经验，尤其是表面层金属薄层的形状、尺寸等。这些对可控 RIS 的设计提供了许多很有意义的参考价值。这里举几个例子。如图 2-14 所示，一个在 11.3 GHz 处具有单个吸收峰的固定超材料结构和吸收率与频率的关系曲线。由于金属薄层大体呈一个环形，当入射角从 0°增大至 60°时，仍能保证吸收峰在 11.3 GHz 附近。

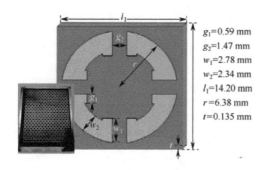
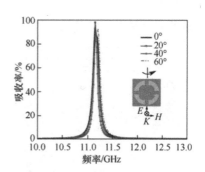

$g_1$=0.59 mm
$g_2$=1.47 mm
$w_1$=2.78 mm
$w_2$=2.34 mm
$l_1$=14.20 mm
$r$=6.38 mm
$t$=0.135 mm

图 2-14　具有单个吸收峰的固定超材料结构和吸收率与频率的关系曲线[5]

在一些场景中，需要有两个吸收峰的超材料，图 2-15、图 2-16、图 2-17 和图 2-18 分别体现了四种设计方案。如图 2-15 所示，该材料主要由两个同心圆环状的金属导线构成，在 9 GHz 和 11.1 GHz 处具有强烈的吸收率。

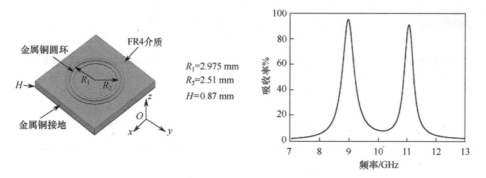

$R_1$=2.975 mm
$R_2$=2.51 mm
$H$=0.87 mm

图 2-15　基于双圆环结构的具有双吸收峰的固定超材料结构和吸收率与频率的关系曲线[6]

图 2-16 所示的金属薄层（或者称金属线）与图 2-15 中的类似，也是分为内外两层，只不过这里的走线是直角方形的，其中内圈的形状像"万字符"，外圈是正方形，都具有旋转对称性，所以对于不同的入射角（0°～90°），其吸收峰基本上在 7.2 GHz 和 10.9 GHz 处。

图 2-17 所示的内部围成的 4 个三角形围线相当于图 2-15 和图 2-16 中的内环。而靠外边的 4 个 L 形状的边线相当于图 2-15 和图 2-16 中的外环，使得固定超材料在 4.3 GHz 和 10.8 GHz 处有较大的吸收率。图 2-18 所示是环抱形结构的透明超材料结构和性能曲线。单元金属线基本上由圆心（十字交叉）、4 个 E 形小岛以及最外层正方形环状围线构成的两层圆环结构。在 1.8 GHz 和 3.7 GHz 处有较好的透射特性，而在 2.5 GHz 处附近有较强的反射，可用来屏

蔽外界电场在该频段的干扰。

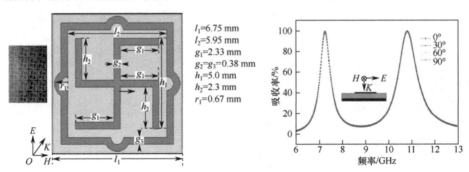

图 2-16 基于内"万字符"+外正方形结构的具有双吸收峰的固定超材料结构，以及性能曲线 [7]

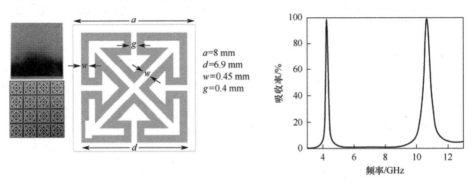

图 2-17 基于内外迂回走线结构的具有双吸收峰的固定超材料结构，以及性能曲线[8]

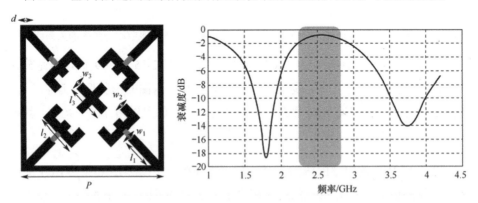

图 2-18 环抱形结构的透明超材料结构和性能曲线

如果需要进一步增加吸收峰，则可以在图 2-17 所示单元结构的基础上，增加线路的迂回圈数（变得更加密集），如图 2-19 所示。其中的三角形迂回中心的间隙大小是一个重要的设计参数，会影响吸收峰的频率位置。

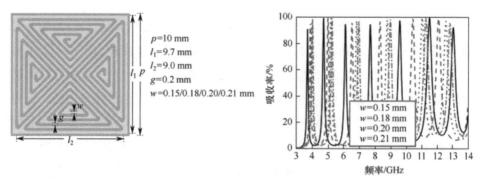

图 2-19　基于迂回走线结构的具有多个吸收峰的固定超材料结构，以及性能曲线[9]

### 2.1.3　设计原理

如 2.1.2 节所述，超表面单元的金属薄层以及介质层的厚度一般远小于入射电磁波的波长，超表面呈现界面电磁学特性，因此在单元设计时，通常无须建立复杂的三维电磁场方程进行仿真和分析。在很多情况下，可以从远场角度出发，假设入射电磁波为理想平面波，以简化电磁波场的建模复杂度，降低设计难度。如果有近场部署的场景，则再根据具体要求，做进一步的细节优化。

在远场条件下，反射方向图可以用图 2-20 中所示的公式表达，其中的阵列因子与入射电磁波的角度和超表面单元在超表面面板上的行列坐标有关，每个单元的幅度和相位可以编程调控，这里的单元相位量化为 0 和 1 两种相位状态。

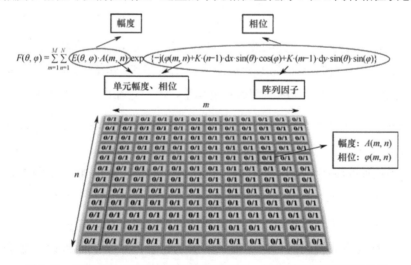

图 2-20　远场反射方向图与超表面单元幅度、相位以及阵列因子的关系

超表面上多个单元所构成的幅度、相位图样与超表面的辐射方位角的关系是一对傅里叶变换。如图 2-21（a）所示，当幅度的二维图样为正"十"字形时，它的傅里叶变换在频率为 0 附近，由于十字图样上的一些尖锐折点，傅里叶谱会存在一些旁瓣。此时超表面的辐射方向也基本上是沿法线方向的，夹角近似为 0；当幅度的二维图样为单周期沿某一个方向时，其傅里叶变换之后的基本频率就对应着超表面辐射方向与法线方向的夹角，如图 2-21（b）所示；当幅度的二维图样包含两种周期时，如图 2-21（c）所示，则傅里叶变换后会存在两个频率成分，对应着超表面有两个辐射波束方向。

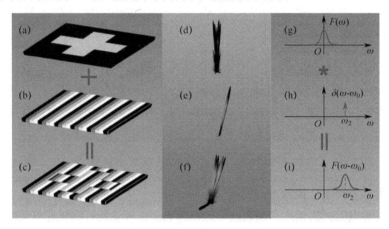

图 2-21　超表面整体的幅度、相位图样与超表面辐射方位角的关系

傅里叶变换满足加法定理，因此不同幅度、相位图样的叠加，就会产生相应的不同远场辐射方向图样的叠加。如图 2-22 所示，在二维超表面上，可以单独设计横向和纵向单元幅度/相位图样，如果都有一定的周期，则超表面对入射电磁波可以在横向和纵向都做角度调整，不一定在同一个法平面内。

在图 2-22 中，假设幅度归一化，反映的是两个 2 bit 离散域分量的叠加。可以看出 $\dot{0}_2 + \dot{1}_2$ 得到的结果为编码圆上相角 $\varphi$ 为 45° 的状态，也就是 3 bit 中的 $\dot{1}_3$。而当相加的编码变为 $\dot{0}_2$ 和 $\dot{1}_2$ 时，得到的结果则是 3 bit 状态中的 $\dot{7}_3$，相角为 315°。因此，我们证明了复数编码加法定理的物理含义。从微观的编码状态层面来说，加法定理表示了不同编码状态的信息叠加，新的编码状态同时蕴含了所有被叠加编码的信息。而从宏观的超表面系统层面来说，加法定理则意味着不同编码图样的叠加，也就是同时辐射相应的不同远场辐射方向图，如图 2-22 所示。

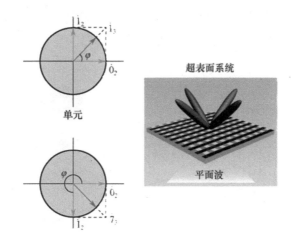

图 2-22　超表面整体的幅度和相位图样与远场辐射方向图样符合加法定理

超表面的整体幅度和相位图样取决于每一个单元的幅度和相位，而 RIS 每个单元的幅度和相位可以调控，大致的机理如下。

- 调相机理，即通过改变有源调控器件（如二极管）的状态，来改变单元表面电流的分布和流向，改变单元的阻抗特性，从而使得单元的相位谐振特性发生变化。

- 调幅机理，即通过改变有源调控器件（如二极管）的状态，来改变单元结构的介质损耗和欧姆损耗。

另外，电磁波具有一定的极化（偏振）方向，超表面单元内部电流的方向可以影响出射波的极化方向。与前面描述的固定功能的非 RIS 不同，可编程 RIS 单元的谐振特性不仅与金属薄层和介质层等的形状、尺寸、分布、材料有关，而且在很大程度上取决于有源调控元器件，如二极管的特性，这无疑大大增加了设计的复杂度。为了简化设计，可以忽略一些与电磁调控关系不大的特性参数，而是将 RIS 单元的各个组成部分分别抽象成为等效的电阻、电容或电感，由这一系列的等效参数构成整个单元的等效电路。

采用开关二极管，可以构成 1 bit（具有"1"状态和"0"状态）的 RIS 单元，如图 2-23 所示。通过二极管的通断，可以改变上下两个金属薄层中的电流分布和方向，使得 RIS 单元对垂直入射的电磁波产生不同的相位响应。例如，当电磁波载频为 9 GHz 时，单元关断（"0"）状态下的相位响应大概为−80°，而导通（"1"）状态下的相位响应约为 100°，它们之间的相位差大约是 180°。

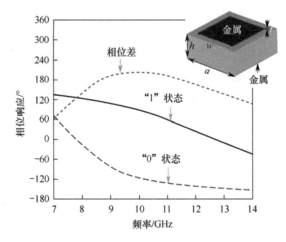

图 2-23　1 bit RIS 单元的相位调控示意图

图 2-24 是一个 1 bit 相位单偏振（单极化）方向的透射单元设计举例，它主要由中间的方形金属片和两个开关二极管构成。当开关二极管加不同的偏置电压时，使得各自处于相反的状态，如一个是导通，另一个是关断，则电流方向发生反转，从而两个不同的状态使得单元产生了 180°的相位差。

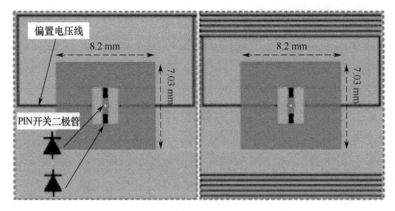

图 2-24　1 bit 相位单偏振（单极化）方向的透射单元设计举例[10]

图 2-25 是一个 1 bit 相位双偏振方向（双极化）的透射单元设计举例，它可以通过叠加两套极化方向正交电路来实现，接收层（顶层）在每个极化方向（横向和纵向）上有若干个微带贴片和寄生式的微带贴片，每条微带贴片被两个开关二极管隔开，中间一小段微带贴片由介质层的通孔连至发射层微带贴片。开关二极管的通断状态会影响微带贴片的有效长度，改变在该偏振方向上的电磁场分布。

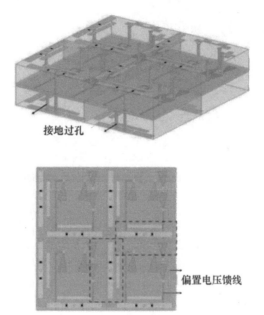

图 2-25　1 bit 相位双偏振方向（双极化）的透射单元设计举例 [11]

1 bit 相位调控存在较大的量化误差，形成的波束具有较强的栅瓣，孔径效率较低，所以在一些场景中需要更细颗粒度的调控。2 bit 相位调控可以由变容二极管实现，如图 2-26 所示，左上图是表面层一个单元内的金属贴片以及变容二极管的平面示意图，两边的金属贴片通过两个变容二极管与中间平行对称的两个金属片连接。这里的变容二极管的型号为 SMV2019-079LF，它可以用 RLC 等效电路表示。通过整个单元的立体图可以看到，表面层中间的两个金属片分别由一个金属通孔连至底部馈电层的中间横带，而表面层两边的金属片分别由两个金属通孔连至馈电层两侧的金属片。

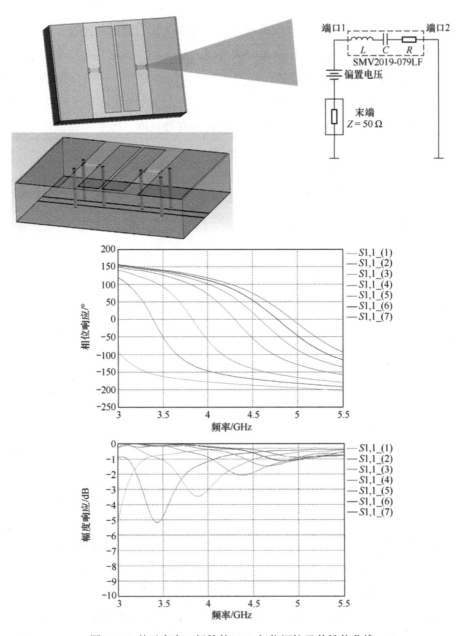

图 2-26　基于变容二极管的 2 bit 相位调控及其性能曲线

随着偏置电压的变化，变容二极管的电容也会发生改变，导致 RIS 单元的相位响应和幅度响应的改变。图 2-26 中显示了在 7 个不同的偏置电压下，单元的相位响应和幅度响应与电磁波频率的关系曲线。可以看出，相位的变化范围最大有 300°，而幅度的变化不大，尤其是电磁波载波频率高于 4 GHz，幅度损失在 2 dB 以内，所以比较适合相位调节。为了尽量使相位能够均匀量化，工作频点可以设在 4～4.5 GHz，选取其中 4 条接近等间距的曲线，以达到较好的 2 bit 相位量化。

2 bit 相位调控单元也可以使用开关二极管，如图 2-27 所示为一个透射单元的例子，共有 6 层金属层和 3 层介质层，以及 4 个集成的开关二极管。通过对接收层上的 O 形空隙贴片的开关二极管正向和反向加电压，从而产生相移。在发射层含有一个延迟线电路，另外两个开关二极管的通断又额外引入 0°或 90°的相移转换，所以整个单元共有 4 种（2 bit）相位状态。

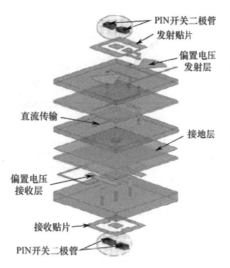

图 2-27　基于开关二极管的 2 bit 相位调控透射单元[12]

除了相位调节，幅度调节在一些场景中也能发挥很大的作用，如改善波束的反射图样、抑制旁瓣等。幅度调控的 RIS 单元可以用开关二极管来控制，这里的开关二极管不是当开关使用的，而是用作一种变阻器，如 2.1.1 节所述。用这样的开关二极管设计的调幅单元如图 2-28（a）所示，这里的两个对称的金属片的顶部通过开关二极管连接。控制开关二极管两端加载的偏置电压，改变正向电流，开关二极管的电阻值发生变化，RIS 单元的反射系数也随之变化。金属片的形状和尺寸做过特殊优化，目的是尽量使单元的反射系数在较宽的频带中保持相对平坦，保证在大带宽部署时的性能一致性。图 2-28（b）是仿真分析得出的调幅单元的幅度响应曲线。可以看到，在 8～12 GHz 的区间，反射系数的曲线基本平坦。与正向电流为 0 μA 的情形相比，当电流增加到 1 μA、5 μA 和 10 μA 时，回波损耗分别下降至大约-3 dB、-10 dB 和-15 dB。

根据图 2-3 中的器件性能曲线，对于 SMP1320 型开关二极管，当正向电流为 10 μA 时，其阻值大约为 50 Ω，且电流越小，阻值越大，电流为 0 μA 时，二极管不导通，其阻值无限大。由此可知，对于这种调幅单元，二极管的阻值越大，反射幅度也越大。图 2-29 是电流为 10 μA 时，调幅单元的表面电流分布，分别对应 8 GHz、10 GHz 和 12 GHz 频点。可以看出，入射电磁波激励产生的电流主要分布在开关二极管附近区域，激励电流大部分在经过开关二极管时被消耗。

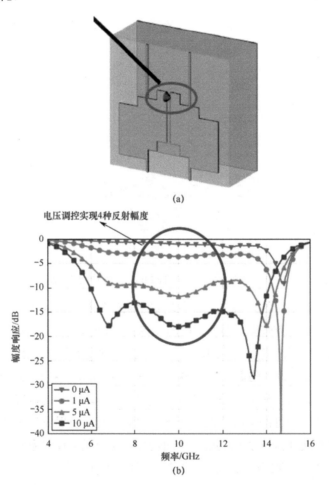

图 2-28　基于开关二极管变阻器的调幅单元设计举例和仿真幅度响应曲线

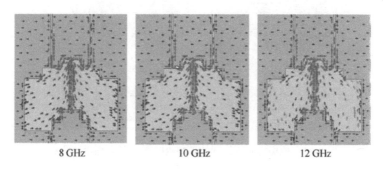

图 2-29　调幅单元的表面电流分布

对于入射电磁波具有双极化分量的情形，图 2-25 中的方法本质上是采用双倍的线路和控制部分，能够分别独立地对每一种极化方向进行调控。在某些部署场景中，并不需要分别控制两个极化方向，在这种情况下可以采用对极化方向不敏感的单极化超表面结构，大大降低了超表面硬件的制造成本。图 2-30 是一个对极化方向不敏感的调幅单元设计举例和仿真幅度响应曲线。可以看出两个金属片相互呈 90°排布，具有旋转对称特性，所用的开关二极管参数相同，同时调控，整个单元呈现各向同性。图 2-31 中的电流分布也体现了这一特点。

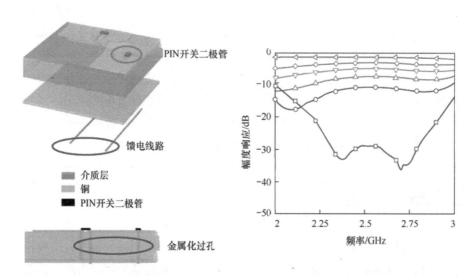

图 2-30　对极化方向不敏感的调幅单元设计举例和仿真幅度响应曲线

图 2-31 偏振方向不敏感的调幅 RIS 单元的表面电流分布

至此，对 RIS 单元特性影响最大的两个方面都已做了介绍，包括：（1）可调器件，如开关二极管和变容二极管的特性；（2）RIS 单元的立体结构，以及金属贴片的形状、大小、尺寸等。另外，还有两个方面对实际的 RIS 调控作用有很大影响，它们是超表面馈电线路和互耦效应。

每个 RIS 单元内部都有若干金属过孔和馈电线路，馈电线路通常较为复杂，而且 RIS 单元需要工作在比较宽的频段，控制信号经常会出现过冲、回冲、毛刺、边沿和电平等质量问题，如图 2-32 所示。过冲容易导致器件损坏，当过冲过大时，还容易造成电磁波杂散，对周围的信号形成串扰，此类串扰对超表面调控会产生十分严重的影响。造成过冲的原因通常是阻抗的不匹配，一种解决方法是始端串联电阻或末端并联阻抗（或电阻）；毛刺大多发生在单板工作不稳定或器件替代后，会造成控制信号控制错误或信号相位发生错误等问题；控制信号边沿有时不够清晰，存在较缓的过渡，这会造成控制电压错误，影响超表面的调控效果；信号线的不匹配或超负载等原因会导致控制信号的回冲，造成某个时刻控制信号的错误，使超表面进行错误的控制；当整体馈电线路的设计、阻抗匹配、分压存在不合理时，输入电平幅度会出现过低或过高的情形，会严重影响超表面的调控效果。

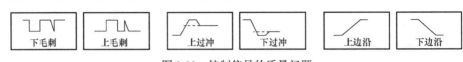

图 2-32 控制信号的质量问题

如上所述，不恰当的馈电线路会对超表面的性能产生很大影响。值得指出的是，馈电线路的设计并不是简单独立的，不能简单地认为控制电路上只有控制信号，而且还需考虑 RIS 工作情况下的高频电磁波产生的表面电流与控制信号的影响，即存在高频信号串扰到控制电路的情况。高速时变的控制信号，会对馈电线路有更为严苛的要求，很多实际问题往往需要不停地加工、测试、迭代才能发现并解决问题。

　　RIS 单元之间的耦合效应也会严重影响 $S$ 参数（散射参数）。图 2-33 是一个 RIS 的周期结构，以及单元互耦效应和 $S$ 参数，可以看出大多数单元间的隔离度高于−20 dB，这说明单元之间存在耦合干扰。

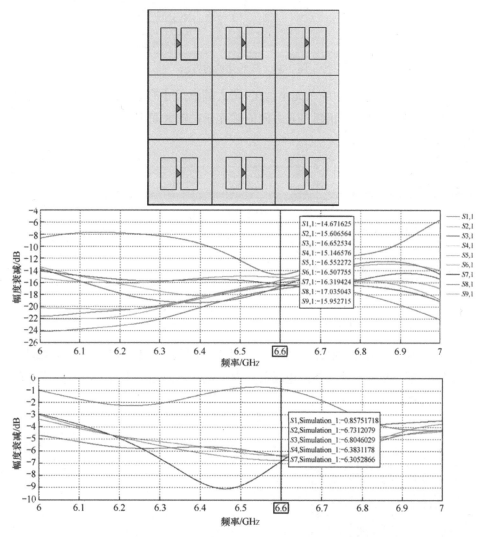

图 2-33　RIS 的周期结构，以及单元互耦效应和 $S$ 参数

图 2-34 中列举了一些降低单元之间耦合（互耦）的方法。

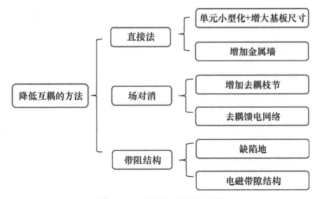

图 2-34　降低互耦的方法

图 2-35 是直接法中的单元小型化+增大基板尺寸的例子。RIS 单元上的贴片尺寸小于单元周期，相邻单元之间的贴片存在较大间隙，从而降低单元之间的互耦效应。

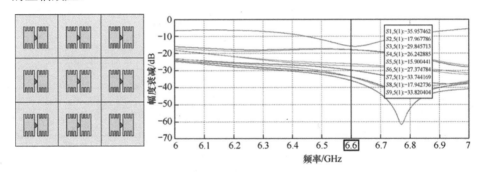

图 2-35　单元小型化+增大基板尺寸的例子

另一种直接法——增加金属墙，如图 2-36 所示。通过在相邻单元之间添加金属墙壁，形成电壁，使得电场的切向分量在单元边界上为零，从而降低单元之间的耦合效应。

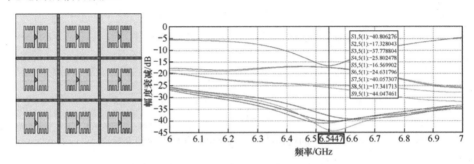

图 2-36　增加金属墙的例子

场对消中的增加去耦枝节方法的示意图如图 2-37 所示。该方法通过在相邻 RIS 单元直接添加特殊金属微带结构，耦合结构与单元贴片形成新的耦合场，从而降低相邻单元之间的耦合效应。图 2-38 是增加去耦枝节的例子，单元之间的隔离度达到了−26 dB，这说明此时单元之间的耦合效应较低，枝节起到了较好的去耦效果。

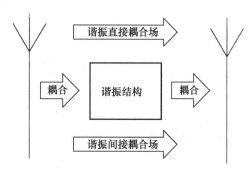

图 2-37　增加去耦枝节方法的示意图

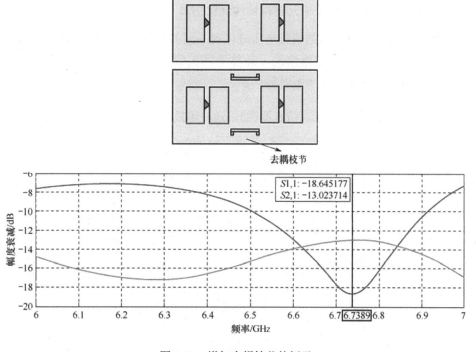

图 2-38　增加去耦枝节的例子

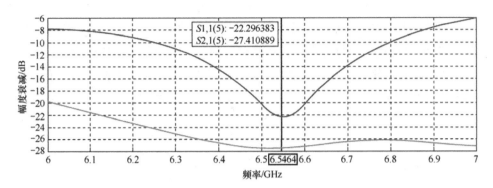

图 2-38 增加去耦枝节的例子（续）

# 2.2 器件仿真和实际性能验证

## 2.2.1 电磁特性仿真

### 1. 可调元器件特性及单元结构特性优化仿真

可调元器件加载不同的偏置电压时体现不同的特性，可利用 ADS 仿真软件，根据元器件的等效电路结构，计算不同偏置电压下的等效 $R$、$L$、$C$ 参数，用于表征可调元器件的电路特性。

此外，如图 2-39 所示（仿真原图），通过等效电路法，还可以利用 $R$、$L$、

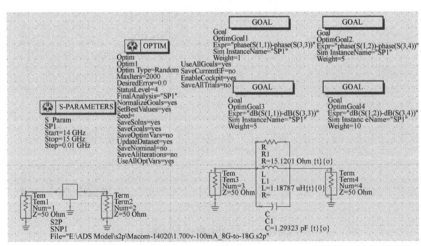

图 2-39 等效电路法优化 RIS 单元电路参数

$C$ 等参数将 RIS 单元结构也等效为电路模型，并把 $R$、$L$、$C$ 作为优化变量，将 RLC 串并联电路传输系数 SRLC 与可调元器件的传输系数 SPIN 的差值作为待优化目标，利用 ADS 内嵌的优化算法对 RIS 单元的等效 $R$、$L$、$C$ 参数进行优化，从而进行 RIS 单元结构的优化设计。

### 2. RIS 的传统建模仿真方法

下面给出基于商用电磁仿真软件的建模仿真方法。首先，设计了一种工作在 sub-6 GHz 频段的 2 bit RIS，其结构设计参考了文献[13]中的经典结构，结构和参数专门针对 2.6 GHz 进行了优化。图 2-40（a）所示为 RIS 单元结构的示意图，其顶部由两组带有条形缝隙的矩形贴片构成，贴片背面连有铜过孔并与接地层相连。每一组贴片连有一个变容二极管，中心贴片和底部铜带之间也由铜过孔相连，在底部铜带和接地层之间施加偏置电压，即可在表面的矩形贴片之间产生电压差，二极管的等效电容和电阻值会受到加载偏置电压的影响。介质层选用 F4B 材料，其厚度为 6.5 mm，介电常数为 2.65，损耗角正切为 0.001。该单元的尺寸为 38.46 mm × 61.54 mm。更详细的立体结构如图 2-40（b）所示，其中，$P_x = 38.46$ mm，$P_y = 61.54$ mm，$H = 6.5$ mm，$L = 18.5$ mm，$N = 8$ mm，$d_1 = 0.8$ mm，$d_2 = 3.5$ mm，$t = 3$ mm，过孔半径 $r = 0.2$ mm，表面铜片间隙 $W_{1\_x} = 6$ mm，$W_{1\_y} = 2$ mm，$W_{2\_x} = 1$ mm，$W_{2\_y} = 12$ mm。底层的铜接地可以反射入射的电磁波，缝隙可以防止加载偏置电压时直流电源短路。变容二极管（SMV2019）可以被等效为具有 RLC 组件参数的电路[14]，如图 2-40（c）所示。当这些基本结构参数确定后，就可以利用商用电磁仿真软件（Computer Simulation Tool，CST）来进行全波仿真了，得到器件的仿真性能。

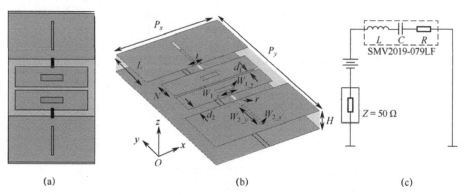

（a）　　　　　　　　　　　　　　（b）　　　　　　　　　　　　　（c）

图 2-40　2 bit RIS 单元结构及等效电路

随着偏置电压的变化，变容二极管的电容也发生改变，导致 RIS 单元的反射相位和幅度响应发生改变。在建模仿真 RIS 单元的过程中，中心频率设置为 2.6 GHz，RIS 单元的 x 方向和 y 方向分别施加了磁壁和电壁。平面波从顶部入射，其电场方向应平行于电壁方向，即模型中的 y 方向。图 2-41 中显示了在 8 个不同的偏置电压下，2 bit RIS 单元的相位响应和幅度响应与电磁波频率的关系曲线。可以看出，在 2.6 GHz 的载波频段范围内，反射幅度（归一化的，无单位）均高于 0.8，即损耗在 2 dB 以内，而反射相位的变化范围最大有 300°，所以能够实现相位调控。为了尽量使相位能够均匀量化，RIS 工作频点可以设在 2.4～2.8 GHz，选取其中四条接近等间距的曲线，分别对应 0 V、5 V、7 V、14 V 四个不同的电压值，以达到较好的 2 bit 相位量化。

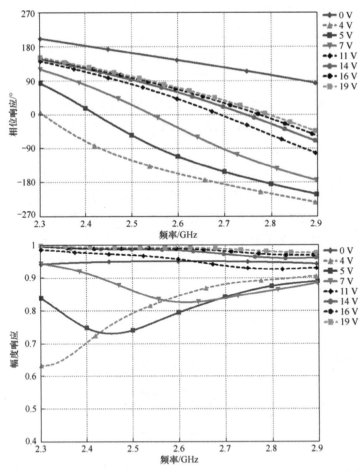

图 2-41　2 bit RIS 单元的相位响应和幅度响应与电磁波频率的关系曲线

图 2-42 所示为 RIS 阵列示意图，共包含 40 × 25 个单元，阵列尺寸为 1538 mm × 1538 mm，进行阵列特性仿真时，频率设置为 2.6 GHz，阵列边界条件需设置为"Open add space"。图 2-43 所示为远场平面波垂直于阵列平面入射时，使反射波束沿水平方向偏转的相位分布图（横、纵坐标均为单元索引）。入射和目标反射波束最大增益方向相对于阵列法线的水平角分别为 $\theta_i$ 和 $\theta_{t0}$，入射和反射波束最大增益方向相对于垂直方向的角度分量分别为 $\varphi_i$ 和 $\varphi_{t0}$，即 $\theta_i = 0°$，$\varphi_i = 0°$，目标反射角 $\theta_{t0} = 30°$，$\varphi_{t0} = 0°$。图 2-43（a）是阵列的连续相位图，是通过 MATLAB 计算得到的；图 2-43（b）是对连续相位图进行 2 bit 量化，得到的量化相位图。需要注意的是，这里给出的是对于列控 RIS 的相位图，故 $y$ 轴方向单元的相位相同。需要根据相位图显示的相位分布，将阵列中不同相位的 RIS 单元上的可调元器件的 $R$、$L$、$C$ 参数输入到 CST 的建模环境中，才能完成在 CST 中的 RIS 阵列建模过程。

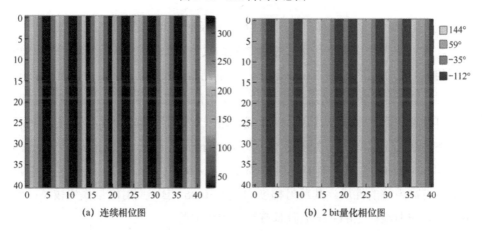

图 2-42　RIS 阵列示意图

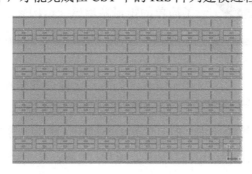

(a) 连续相位图　　　　　　　　　(b) 2 bit 量化相位图

图 2-43　相位分布图

对于传统的 RIS 阵列建模方法，根据相位图分布，各位置单元的相位不同，每种相位对应的可调元器件的 $R$、$L$、$C$ 参数也各不相同，因此需要在阵列中对每个单元的可调元器件的 $R$、$L$、$C$ 参数进行逐一设置，并且阵列数量越大，复杂度越高。此外，阵列相位图发生变化时，需要重新设置 $R$、$L$、$C$ 参数，这将需要花费数小时进行参数设置。显而易见，这对研究具有复杂相位图分布的 RIS 阵列特性来说是比较低效的。

### 3. 等效建模仿真方法

为了解决传统方法复杂度高的问题，我们提出了 RIS 的简易等效模型，并使用这种模型进行仿真。首先各种复杂结构和可调元器件的 RIS 单元，表现出的单元电磁特征均为反射幅度及相位的特性；而 RIS 阵列由众多单元组

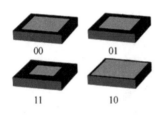

图 2-44　等效单元结构示意图

成，其波束赋形能力主要依赖于相位图，故采用了简单的矩形贴片单元结构来等效复杂的 RIS 单元的反射特性。等效单元结构示意图如图 2-44 所示，其 $p$=38.46 mm 与前面介绍的 RIS 的 $P_x$ 相等。其表面为矩形金属微带贴片，贴片尺寸 $w$ 表示不同反射相位的关键参数，可以选取四种不同尺寸的贴片单元来等效 2 bit RIS 单元的不同相位状态。等效单元的底层是金属反射层，电介质层选用的材料也是 F4B 材料，$H = 6.5$ mm，介电常数为 2.65，损耗角正切为 0.001，类似于前述的 RIS 单元结构。

这种矩形贴片单元具有高阻抗的性质，其反射相位受贴片尺寸影响较大[15]。因此，可以建立贴片大小与单元相位之间的关系。如图 2-45 所示，在与 RIS 模型相同的工作频率 $f_c = 2.6$ GHz 下，当单元贴片尺寸 $w$ 在 20 ～35 mm 之间变化时，单元相位响应随之连续变化，变化范围超过 300°。在 $f_c = 2.6$ GHz 下，可以选择四种不同贴片尺寸的单元，用来等效不同偏置电压下具有四种相位状态的 2 bit RIS 单元。如图 2-46 所示，20 mm、26 mm、29 mm、35 mm 四个不同 $w$ 值的贴片单元有着不同的幅度响应和相位响应曲线，由于矩形贴片单元具有高阻抗的性质，其反射幅度均大于-0.06 dB，反射能量损失较小；四种相位响应曲线在 2.6 GHz 频段具有均匀的相位差。

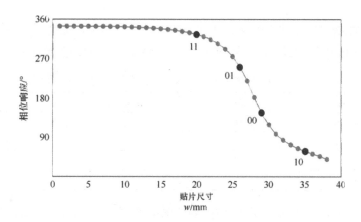

图 2-45　在 $f_c$=2.6 GHz 下相位响应随贴片尺寸 $w$ 的变化曲线

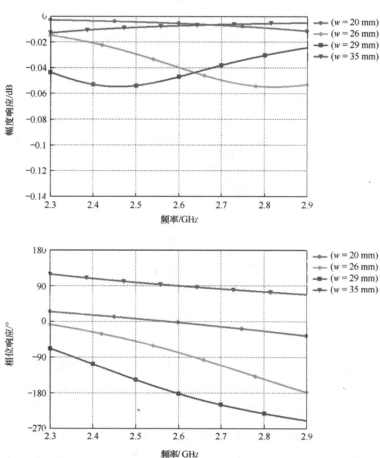

图 2-46　等效单元的幅度响应、相位响应与电磁波频率的关系曲线

这四种贴片尺寸的等效单元所代表的四种反射相位，能够用来对应之前介绍的 2 bit RIS 单元加载不同偏置电压下的四种相态，其对应关系如表 2-4 所示。

表 2-4　等效单元与 RIS 单元的参数对应关系

| 比　　特 | 反射相位 / ° | RIS 偏置电压 / V | $w$ / mm |
|---|---|---|---|
| 00 | 144 | 0 | 29 |
| 01 | −112 | 5 | 26 |
| 11 | −35 | 7 | 20 |
| 10 | 59 | 14 | 35 |

由等效单元构成的 2 bit 等效阵列如图 2-47 所示，四种不同贴片尺寸的单元构成了等效阵列，并根据图 2-43 中的量化相位图排列。这种简单的贴片结构很容易在 MATLAB 中转换为代码，并利用 MATLAB 调用 CST，可以在 CST 中对等效阵列进行快速建模。这个等效阵列由 40×40 个等效单元组成，其尺寸为 1538 mm×1538 mm，等同于之前介绍的 RIS 阵列。等效阵列在 $y$ 轴方向中均为相同尺寸的贴片单元，具有相同的相位，不同尺寸的贴片单元在 $x$ 轴方向上交替排列。

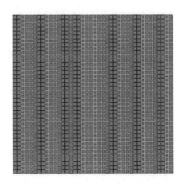

图 2-47　由等效单元构成的 2 bit 等效阵列

这种等效方法，可以通过在 MATLAB 中输入相位图，并运行代码调用 CST，自动建模生成等效阵列。它不需要像传统方法一样设置阵列中各个单元的 $R$、$L$、$C$ 参数。此外，若相位图发生变化，等效方法可以在不到一分钟的时间内完成等效阵列的更新建模。这种等效方法不仅缩短了 RIS 阵列的建模时间，而且由于其结构简单，仿真时间也大大缩短，特别是对于单元数量庞大的阵列。由此可见，等效方法与传统方法相比，可以大大节省 RIS 阵列的建模和仿真时间，便于分析 RIS 阵列的整体电磁特性。

我们用这两种方法仿真了不同角度平面波入射条件下阵列反射波束的远场方向图。当入射平面波垂直，即 $\theta_i = 0°$ 和 $\varphi_i = 0°$ 时，采用图 2-43 中的量化相位图进行建模，RIS 模型和等效模型的三维远场图分别如图 2-48（a）和（b）所示。反射波束的主瓣明显偏离 $z$ 轴方向。图 2-48（c）对比了在 $\varphi = 0°$ 的平面上，两种模型的二维远场图。在 $\theta_t = 30°$，$\varphi_t = 0°$ 处，两种模型的主瓣方向基本重合，RIS 模型的增益为 30.7 dB，而等效模型的增益为 31.7 dB。两种方法的仿真结果表明，等效方法与传统方法具有高度一致性。

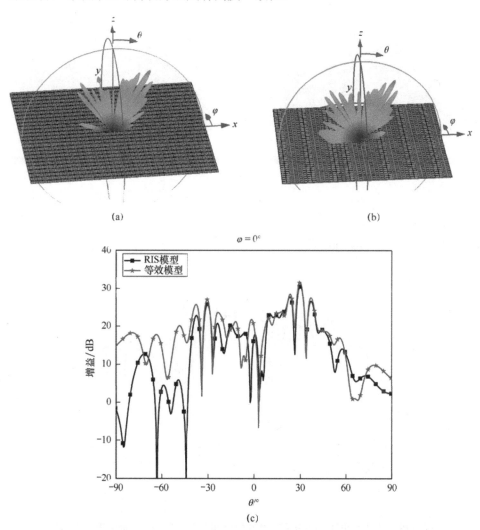

图 2-48　当 $\theta_i = 0°$ 和 $\varphi_i = 0°$ 时，RIS 模型和等效模型的反射波束方向图对比

当 $\theta_i = 30°$ 和 $\varphi_i = 0°$ 时，采用相同的相位图，RIS 模型和等效模型的三维远场图分别如图 2-49（a）和（b）所示。反射波束的主瓣明显沿 $z$ 轴方向。图 2-49（c）对比了在 $\varphi = 0°$ 的平面上，两种模型的二维远场图。在 $\theta_t = 0°$，$\varphi_t = 0°$ 处，两种模型的主瓣方向基本重合，RIS 模型的增益为 30.7 dB，而等效模型的增益为 31.7 dB，两种方法的仿真结果显现一致性。同时，对比图 2-48 和图 2-49 的仿真结果，能够看出 RIS 阵列的上下行波束具备互易性。

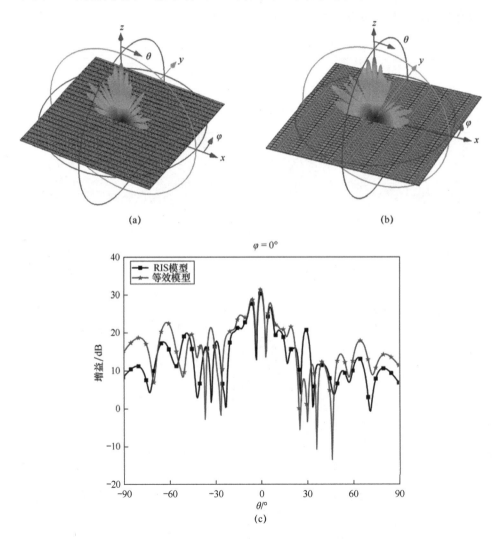

图 2-49　当 $\theta_i = 30°$ 和 $\varphi_i = 0°$ 时，RIS 模型和等效模型的反射波束方向图对比

当 $\theta_i$ = 50°和 $\varphi_i$ = 0°时，重复上述操作，在相位图相同的情况下，RIS 模型和等效模型的三维远场图分别如图 2-50（a）和（b）所示。两种模型在平面为 $\varphi$ = 0°时的二维远场图如图 2-50（c）所示。观察到两个主瓣均指向 $\theta_t$ = −15.4°，$\varphi_t$ = 0°，RIS 模型和等效模型的增益分别为 28.6 dB 和 30.1 dB。

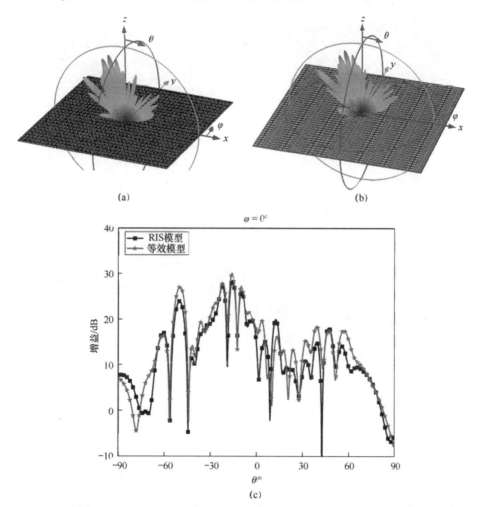

图 2-50　当 $\theta_i$ = 50°和 $\varphi_i$ = 0°时，RIS 模型和等效模型的反射波束方向图对比

另外，尝试 $\theta_i$ = −15.4°，$\varphi_i$ = 0°，RIS 模型和等效模型的三维远场图分别如图 2-51（a）和（b）所示。图 2-51（c）所示为两个模型二维远场图的对比，平面为 $\varphi$ = 0°，其中两个主瓣均出现在 $\theta_t$ = 50°，$\varphi_t$ = 0°处，增益分别为

28.6 dB 和 30.2 dB。同时，对比图 2-50 和图 2-51 的仿真结果，依然显现了 RIS 阵列的上下行波束互易性。

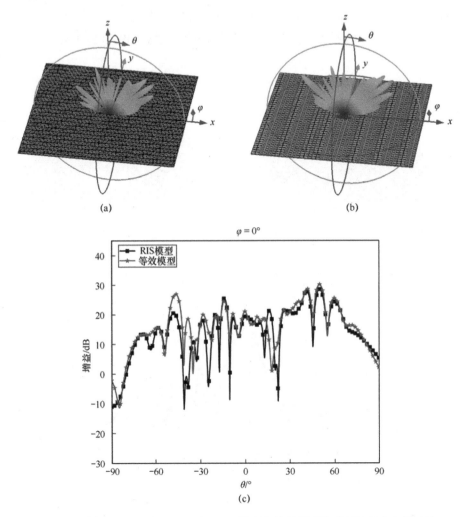

图 2-51　当 $\theta_i = -15.4°$ 和 $\varphi_i = 0°$ 时，RIS 模型和等效模型的反射波束方向图对比

由此可见，等效方法与传统方法相比，体现了高度一致性，同时可以大大节省 RIS 阵列的建模和仿真时间，便于分析 RIS 阵列的整体电磁特性。同时，通过两种方法验证了 RIS 阵列上下行波束具备互易性。

当行、列的单位相位都不同时，对 RIS 单元的 $R$、$L$、$C$ 参数进行逐一设置十分烦琐、耗时。因此，在这种情况下，等效建模仿真方法的优点尤为突出。于是可以采用等效方法建模仿真具有复杂相位图的阵列远场图。如图 2-52 所示，根据入射波方向为 $\theta_i = -45°$，$\varphi_i = 30°$，设计了另一种相位图（横、纵坐标均为单元索引），可以使反射波束在水平方向和垂直方向上均发生偏转，目标反射方向为 $\theta_{t0} = 30°$，$\varphi_{t0} = 0°$。

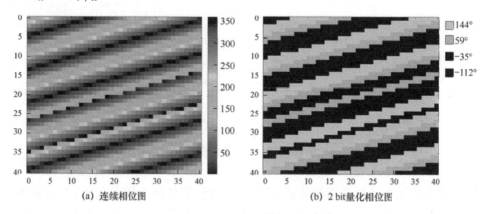

(a) 连续相位图　　　　　　(b) 2 bit 量化相位图

图 2-52　相位分布图

联合 MATLAB 和 CST 对等效模型进行建模和仿真。如图 2-53（a）所示，在三维远场图下，反射波束主瓣的实际角度为 $\theta_t = 33°$，$\varphi_t = -3°$，增益为 28.8 dB。图 2-53（b）和（c）分别显示了 $\varphi = -33°$ 平面和 $\varphi = -3°$ 平面的二维远场图。实际波束方向与目标反射方向 $\theta_{t0} = 30°$，$\varphi_{t0} = 0°$ 有小偏差。波束方向偏差现象可能是由于阵列 $x$ 轴、$y$ 轴方向的相位图叠加，影响了两个方向的相位分布精度，导致量化相位产生偏差，需要进一步深入研究。

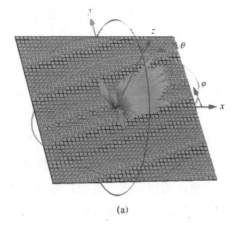

(a)

图 2-53　当 $\theta_i = -45°$ 和 $\varphi_i = 30°$ 时，等效模型的反射波束方向图

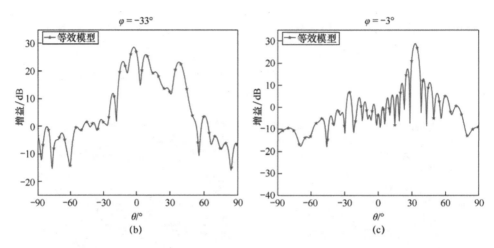

图 2-53　当 $\theta_i = -45°$ 和 $\varphi_i = 30°$ 时，等效模型的反射波束方向图（续）

　　综上所述，这种采用简易贴片结构的 RIS 等效建模仿真方法，能够对具有复杂单元相位排布的 RIS 阵列快速地进行建模仿真。采用等效方法与传统方法对 RIS 的远场波束特性进行对比仿真，两种方法的仿真结果体现了高度一致性，同时等效方法可以大幅降低 RIS 阵列建模仿真的复杂度和时间，能够更高效地分析面向 6G 通信的 RIS 反射特性。

### 4. MATLAB 仿真

　　MATLAB 作为一款商用数学软件，具备行矩阵运算、绘制函数和数据、实现算法、连接其他编程预研的程序等功能，其基本数据单位是矩阵，它的指令表达式与数学、工程中常用的形式十分相似，比 C、FORTRAN 等语言完成执行更为简捷。

　　当对于一类由不少于两个天线单元规则或随机排列并通过适当激励预定辐射特性的天线阵列进行仿真时，由于天线阵列的辐射电磁场是所有天线单元辐射场的矢量叠加，所以可以通过独立控制各个天线单元的振幅和相位来改变整个阵面的辐射特性，这使得天线阵列具有各种不同的功能。那么对于单元数很多的天线阵列，用解析方法来计算阵列总方向图的方式极为繁杂，可利用方向图相乘原理比较简单地求出天线阵列的总方向图。采用 MATLAB 完成对天线阵列的辐射天线方向图仿真更为迅速、简单。

在分析 RIS 阵列的远场特性过程中，对于一些特殊情况，如来波垂直入射，可以用传统辐射天线阵模型进行阵列综合等效。图 2-54 给出了垂直入射时相同单元间距的 10×10 RIS 阵列与天线阵列的出射波方向图对比，其中 RIS 阵列远场波束方向图由 CST 建模仿真得到，天线阵列的远场方向图由 MATLAB 编程根据单天线振子方向图进行阵列方向图综合计算得出，不同的出射波角度对应不同的相位分布图。可以看出，出射波在 30°、45°、55°三种情况下，RIS 阵列和天线阵列得到的远场方向图几乎一致。这表明对于垂直入射的情况，用天线阵列方向图综合模型可以近似等效 RIS 阵列模型，可以更高效地仿真分析 RIS 阵列的特性。

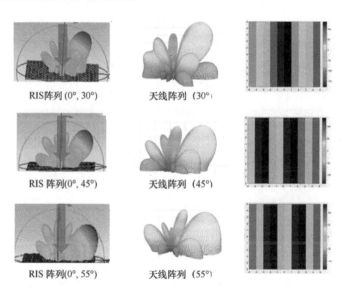

RIS阵列 (0°, 30°)    天线阵列 (30°)

RIS 阵列(0°, 45°)    天线阵列 (45°)

RIS 阵列(0°, 55°)    天线阵列 (55°)

图 2-54  垂直入射时相同单元间距的 10×10 RIS 阵列
与天线阵列出射波方向图对比

## 2.2.2  器件实际性能验证

由于器件非理想性、加工误差、焊接问题等因素，RIS 的实际性能与仿真性能相比可能会产生偏差。图 2-55 所示为一个能够实现 2 bit 四种幅度调控的 RIS 样机，它由 30×30 个阵面单元构成，选用的二极管型号为 SMP1320。实验结果与仿真结果对比如图 2-56 所示，实验结果与仿真结果之间的幅度曲线差异可能是由于：RIS 样机尺寸远大于厚度，在多层板压制以及 PIN 二极管焊接时受热导致板面翘曲，对其性能产生影响；加工时有源器件的焊接误差。但是，在 6～12 GHz 频段范围，该样机依然能显现出四种幅度调控特性。

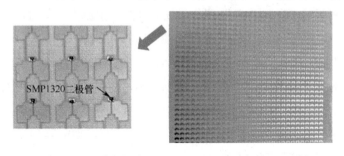

图 2-55　一个能够实现 2 bit 四种幅度调控的 RIS 样机

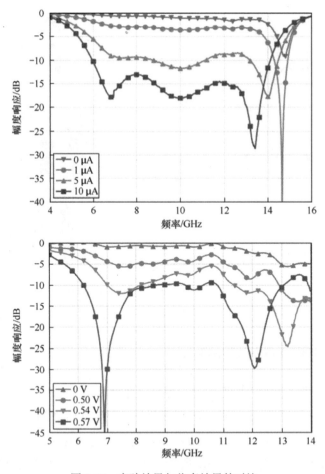

图 2-56　实验结果与仿真结果的对比

图 2-57 所示为一个毫米波频段（26 GHz）2 bit 调相的 RIS 样机和每个 RIS 单元的基本结构。这个面板上一共有 100 个天线单元，可以逐个单元进行相控。每个单元通过两个 PIN 二极管的通断组合实现 2 bit 的反射相位响应，六边形的贴片结构有助于提高天线单元的角度稳定性。毫米波器件尺寸小，很容易受环境影响，焊接过程中 PIN 二极管的损坏率较高，必要时需要更新器件、重新加工补焊。图 2-58 所示为调相单元的幅度响应和相位响应仿真性能，四条曲线分别对应四种状态下的频率响应，工作带宽约为 0.7 GHz。图 2-59 所示为实测的每个调相单元的幅度响应和相位响应，可以看出调相单元的实测性能与仿真性能比较相近。

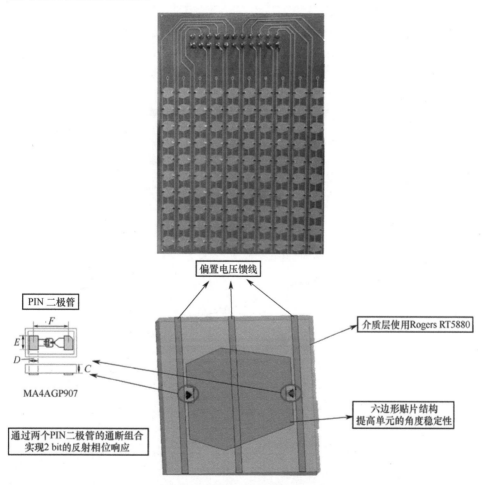

图 2-57　一个毫米波频段 2 bit 调相的 RIS 样机和每个 RIS 单元的基本结构

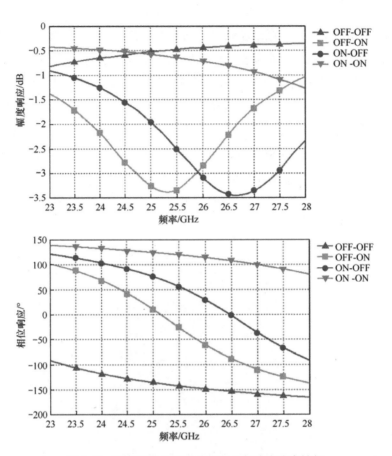

图 2-58　调相单元的幅度响应和相位响应仿真性能

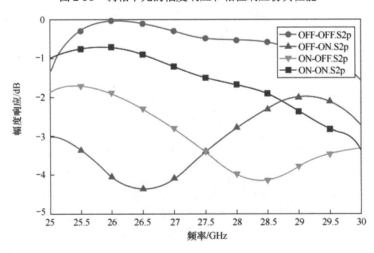

图 2-59　实测的每个调相单元的幅度响应和相位响应

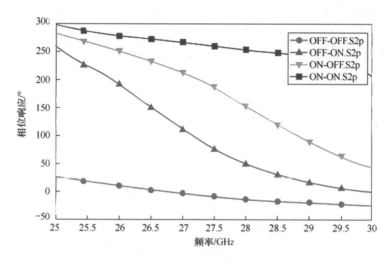

图 2-59　实测的每个调相单元的幅度响应和相位响应（续）

## 2.3　RIS 器件的控制

### 2.3.1　器件的非理想特性

智能超材料有多种非理想特性，下面从可调器件和角度稳定性两个方面进行介绍。

（1）可调器件：如开关二极管、变容二极管等，在同一种型号的批量产品中可能存在可调器件的性能误差问题，从而导致单元的幅度响应、相位响应产生偏差，但通常情况下个别单元性能偏差不会导致阵列整体波束赋形能力产生较大偏差。

（2）角度稳定性：RIS 的角度稳定性这个问题在 2.2 节的仿真中也有所反映，单元对不同角度入射的电磁波具有不同的幅度响应、相位响应，下面的例子可以直接说明角度稳定性问题。图 2-60 给出了平面波垂直入射 RIS 单元的幅度响应和相位响应，在不同的偏置电压下，相位响应曲线具有较好线性度，幅度响应曲线均高于−2 dB，能够实现较好的调相波束赋形效果。

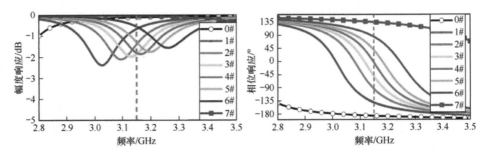

图 2-60　平面波垂直入射 RIS 单元的幅度响应和相位响应

当电磁波斜入射时，RIS 单元幅度响应和相位响应产生变化，尤其是不同偏置电压状态之间的相对相位差变化，导致工作频点的相位线性度下降，从而导致波束赋形能力变差。可以通过在单元之间引入金属柱来提升角度稳定性，其仿真和测试曲线对比如图 2-61 所示。对角度稳定性 RIS 进行测试，并与仿真结果对比，能够发现金属柱在一定程度上可以减少不同角度 RIS 单元的幅度响应和相位响应差异，在 0°、30°、60°不同角度的各个电压状态的相位几乎呈现线性，能够在大角度实现波束赋形。但是也给出了尽管通过引入金属柱，对于不同入射角度的电磁波，在同样的控制电压下，RIS 单元的幅度响应和相位响应还是不一致的。

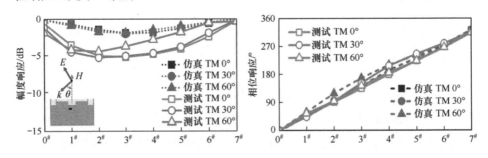

图 2-61　不同入射角度，RIS 单元幅度响应和相位响应仿真与测试曲线对比

## 2.3.2　器件控制方式和算法

RIS 的控制单元负责对 RIS 各个单元的相位、幅度和偏振等特性进行有效的调整，形成可重构的超材料。本书考虑的 RIS 主要用于无线中继，RIS

单元的调整速度通常不超过无线资源调度的时间粒度，即在毫秒级。对于半静态的资源调度，其要求的调整速度为秒级。从计算复杂度和计算能力来讲，目前的现场可编程门阵列（Field Programmable Gate Array，FPGA）能够满足要求。图 2-62 所示为 RIS 控制部分的结构示意图。其中的核心部分 FPGA 里包括网络控制器、片内存储、阵面驱动和时间同步模块。

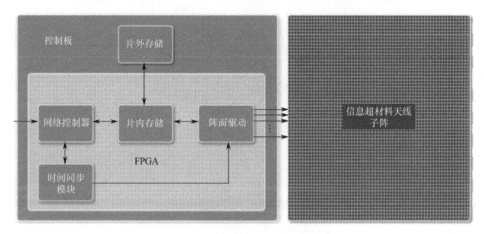

图 2-62 RIS 控制部分的结构示意图

### 1. 网络控制器

网络控制器能够连接外部的控制指令，并根据外部控制指令对控制板内部的各模块进行控制和协调，是控制器的"大脑"。网络控制器还兼有外部的通信功能，与外部可以通过有线网络或无线网络连接。从方便部署的角度看，无线连接具有更大的优势，但需要考虑精简控制信令的开销。而信令开销的精简往往会带来接收机的一些额外处理，如将索引翻译成更加适合实际控制的配置参数集。这些涉及 RIS 控制器的硬件/软件能够实现与空口控制信令的联合优化。

### 2. 片内存储

RIS 最直接的功能是根据控制指令计算每一个 RIS 单元应该调整到的相位、幅度、偏振，从而将某个方向入射的电磁波反射到所需要的方向，单元响应与入射波、反射波方向的关系及计算公式如图 2-63 所示。

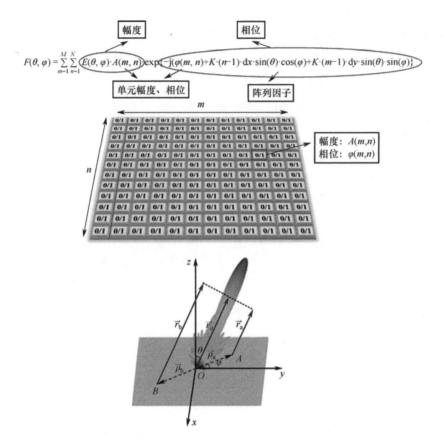

图 2-63  单元响应与入射波、反射波方向的关系及计算公式

例如，对于相位控制的单元，可以用下面的公式根据入射波和出射波的方位角和俯仰角，计算远场情形下的每一个单元的相位，得到阵列的连续相位分布，然后进行量化，其中，$n$、$m$ 分别是行和列方向上的单元索引数。

$$\Delta\varphi_{n,m} = \frac{-j2\pi}{\lambda}\left[\left(\frac{M}{2}-m\right)d_x(\sin\theta_t\cos\varphi_t - \sin\theta_r\cos\varphi_r) + \left(\frac{N}{2}-n\right)d_y(\sin\theta_t\sin\varphi_t - \sin\theta_r\sin\varphi_r)\right] \tag{2-1}$$

如果是近场条件，还需考虑发射源与阵列的三维位置关系，如以下公式：

$$\varphi(x_i, y_j) = \frac{-j2\pi}{\lambda}\left(\sqrt{(x_f - x_i)^2 + (y_f - y_j)^2 + z_f^2} - x_i\sin\theta_i\cos\varphi_j - y_j\sin\theta_i\cos\varphi_j\right) \tag{2-2}$$

式中，$(x_f, y_f)$ 是 RIS 面板中心的坐标；$z_f$ 是发射源与 RIS 面板中心的距离；$(x_i, y_j)$ 是 RIS 的第 $i$ 行、第 $j$ 列天线单元的坐标。

可以看出，尽管单元状态是高度量化的，但这些计算还是比较复杂的。在实际应用中往往需要根据特定波束需求，以及给定的入射角度和出射角度，计算 RIS 各个单元的状态，逆向综合给出信息超材料对应的编码序列，这需要大量优化算法来降低计算复杂度，从而降低 FPGA 的功耗。考虑到 FPGA 具有相对丰富的内存，可以事先存入常用的编码序列和所对应的波束入射/出射方向，运行时采用查表的方式，避免实时的计算。

RIS 器件具有多种非理想特性，如对入射角度的不稳定性。为保证波束调控的精准，需要对角度不稳定性进行一定的补偿。如图 2-64 所示，对于一个 RIS 单元，通过事先测量，可以得出在不同入射角（包括方位角和俯仰角），以及不同偏置电压下的相位误差，并将对阵列相位分布进行的矫正列成表格，存储在片内，实现对 RIS 单元相位的矫正。

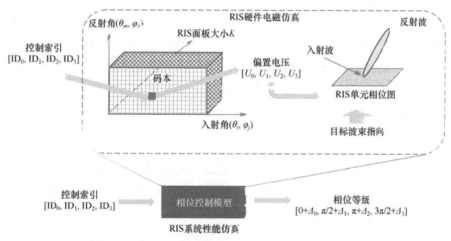

图 2-64 针对 RIS 单元入射角度不稳定性的补偿矫正

除了 FPGA，有时还需要额外的片外存储，以弥补 FPGA 内存的不足，来提高 RIS 控制器的运算处理能力。

### 3. 阵面驱动

阵面驱动可以根据片内存储输出的 RIS 单元状态，将其编码序列按照一定顺序编排，通过一维或二维的网络对 RIS 阵面进行驱动，如图 2-65 所示。

当 RIS 单元数量较少时，可以采用一维方式，驱动网络相对简单；但当其数量较多时，单个通道的驱动能力有限，需要采用二维方式，集成更多的通道以实现较低时延的驱动。

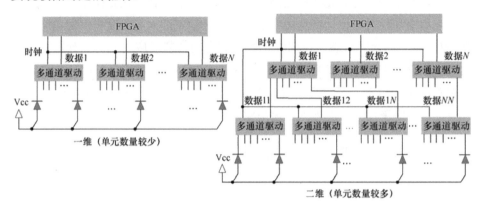

图 2-65　RIS 阵面驱动的两种结构

当 RIS 阵面的开关二极管规模数量很大时，可采取串行驱动方法。通过多级专业多通道驱动芯片级联方式扩展控制 I/O 数量。串行级联移位寄存器集成在 RIS 侧，FPGA 提供串行配置数据接口，使移位寄存器在 1 μs 内完成所有开关二极管下一个状态的缓存及切换；在切换时刻，通过脉冲使所有移位寄存器在同一时刻（为纳秒级）输出已缓存的配置。RIS 阵面控制器中的串行驱动方式如图 2-66 所示。

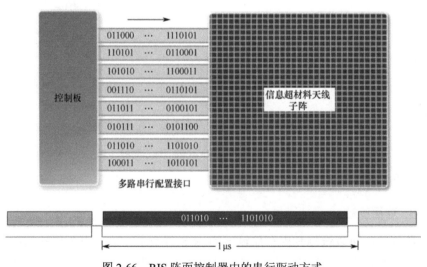

图 2-66　RIS 阵面控制器中的串行驱动方式

### 4. 时间同步模块

RIS 用于无线中继，对其单元的控制需要很强的时效性，就整个 RIS 面板而言，调控周期最快可达毫秒级。由于 RIS 的单元数较多，从阵面驱动的角度看，其时间粒度远小于毫秒级，尤其当采用串行驱动方式时。片内存储中的查表与计算也在较高的时钟下运行。这些都需要比较精确的时间同步。

# 本章参考文献

[1] TANG W K, LI X, DAI Y D, et al. Wireless communications with programmable metasurface: Transceiver design and experimental results[J]. China Communications, 2019, 16(5): 46-61.

[2] TANG W K, DAI J Y, CHEN M Z, et al. Programmable metasurface-based RF chain-free 8PSK wireless transmitter[J]. Electronics Letters, 2019, 55(7): 417-420.

[3] LI X B, LU W B, LIU Z G, et al. Dynamic beam-steering in wide angle range based on tunable graphene metasurface[N]. Acta Physica Sinica, 2018, 67(18): 184101. DOI: 10.7498/aps.67.20180592.

[4] TANG J, XU S, FAN Y, et al. Recent developments of transmissive reconfigurable intelligent surfaces: a review[J]. ZTE Communications, 2022, 20(1): 21-27.

[5] BASKEY H B, GHAI B, AKHTAR M J. A flexible, ultra thin, frequency-selective-surface based absorber film for the radar cross section reduction of a cubical object[C]. IEEE MTT-S International Microwave and RF Conference (IMaRC), 2015: 128-131.

[6] AYOP O, RAHIM M K A, MURAD N A, et al. Dual band polarization insensitive and wide angle circular ring metamaterial absorber[C]. The 8th European Conference on Antennas and Propagation (EuCAP), 2014: 955-957.

[7] BASKEY H B, AKHTAR M J. A dual band multiple narrow slits based metamaterial absorber over a flexible polyurethane substrate[C]. IEEE Antennas and Propagation Society International Symposium (APSURSI), 2014: 185-186.

[8] MUNAGA P, GHOSH S, BHATTACHARYYA S, et al. An ultra-thin dual-band polarization-independent metamaterial absorber for EMI/EMC applications[C]. The 9th European Conference on Antennas and Propagation (EuCAP), 2015: 1-4.

[9] YU D, LIU P, DONG Y, et al. A sextuple-band ultra-thin metamaterial absorber with perfect absorption[J]. Optics Communications, 2017, 396(8): 28-35.

[10] CLEMENTE A, DUSSORT L, SAULEAU R, et al. 1-bit reconfigurable unit cell based on PIN diodes for transmit-array applications in X-band[J]. IEEE Transactions on antennas and propagation, 2012, 60(5): 2260-2269.

[11] WANG Y, XU S, YANG F, et al. 1 bit dual-linear polarized reconfigurable transmit array antenna using asymmetric dipole elements with parasitic bypass dipoles[J]. IEEE Transactions on antennas and propagation, 2021, 69(2): 1188-1192.

[12] DIABY F, CLEMENTE A, DI PALMA L, et al. Design of a 2-bit unit-cell for electronically reconfigurable transmit arrays at Ka-band[C]. The 47th European Microwave Conference (EuMC), 2017: 1321-1324.

[13] DAI J Y, TANG W K, ZHAO J, et al. Wireless Communications through a Simplified Architecture Based on Time-Domain Digital Coding Metasurface[J]. Advanced Materials Technologies, 2019, 4(7): 1900044. DOI.org/10.1002/admt.201900044.

[14] ZHAO J, CHENG Q, CHEN J, et al. A tunable metamaterial absorber using varactor diodes[J]. New Journal of Physics, 2013, 15(4): 043049. DOI: 10.1088/1367-2630/15/4/043049.

[15] BIA M E, SAY K H. Investigations into phase characteristics of a single-layer reflect array employing patch or ring elements of variable size[J]. IEEE Transactions on antennas and propagation, 2008, 56(11): 3366-3372.

# 第3章 多天线通信技术基础

智能超表面技术的一大学科基石是移动通信中的多天线技术，智能超表面上规则排布的大量单元构成无源但可调的大规模天线，大大地扩充了传统多天线的应用场景和性能潜力，能够更加主动和全面地进行波束赋形、空间复用等，帮助挖掘更多的空域资源。多天线技术本身又是一个理论性很强、自成体系的研究领域，有着严格的数理基础，从而保证研究和分析的科学性。本章分别从单用户空间复用、多用户空间复用，以及空间信道模型、有源天线模型等几个方面对多天线技术的基本原理做简要介绍。这里我们还是主要从系统容量提升和覆盖增强的角度论述多天线技术，而关于多天线能够提供的空间分集效应就不再赘述了。

## 3.1 单用户空间复用

单用户空间复用（Single User MIMO，SU-MIMO）可以大幅提高用户链路级的通信速率，尤其在信噪比（Signal-to-Noise Ratio，SNR）较高的情形，SU-MIMO 对系统整体性能的提升也有帮助。与多用户空间复用相比，单用户空间复用对信道状态信息（Channel State Information，CSI）反馈的精度要求较低，在实际信道和网络部署中的健壮性较好，所以应用十分广泛。

单用户空间复用分为两类：一类是开环空间复用，也就是基本上不借助 CSI 反馈，在发射侧不进行预编码；另一类是闭环空间复用，需要 CSI 反馈构成闭环，发射侧根据 CSI 反馈进行合适的预编码，一般用在发射天线数大于接收天线数的情形。

### 3.1.1 开环空间复用

开环空间复用的 MIMO（简称开环 MIMO）链路模型如图 3-1 所示，高层传来的信息比特分成 $N$ 个数据流：$u_1, \cdots, u_N$，可以分别按照 $R_1, \cdots, R_N$ 的码率进行信道编码，码率可以根据空间信道的特征值而定，稍后有详细论述。编码之后，进行调制转化，使其成为适合传播的信号波形。每一根发射天线的功率缩放因子 $G = \sqrt{P_t / N}$ 保证 $N$ 根天线总的发射功率（$P_t$）不超过 $P$。空间信道是 $N$ 根发射天线 $M$ 根接收天线，可以用 $M$ 行 $N$ 列的矩阵 $\boldsymbol{H}$ 表示，即空间信道矩阵 $\boldsymbol{H}$。空间信道矩阵 $\boldsymbol{H}$ 中的每一个元素代表第 $n$ 根发射天线与第 $m$ 根接收天线之间的衰落信道系数，通常以复数形式表示，随时间变化。这里我们假设小尺度快衰信道在一个信道编码码块（所对应的无线资源块）内基本保持不变。

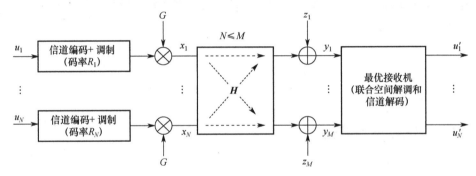

图 3-1　开环空间复用的 MIMO 链路模型

如果传播环境中存在多径（时延上可以分辨的多个散射簇），则每个元素在时域中有多个时延分量，会使得 MIMO 在时域上的接收处理复杂度大大增加，需要均衡器等抑制多径干扰，这也是 MIMO 在 3G 码分多址系统中一直没有被广泛应用的重要原因。如果假设空间信道矩阵中的元素是频域响应，而且是在一个相对较窄的频域子带内，则可以认为信道是比较平坦的，即每一个元素可以用一个复数表示。这样就大大简化了 MIMO 接收机的处理复杂度，只需根据频域子带来处理相应的空间信道，这正是 OFDM 中 MIMO 的工作方式，所以 MIMO 技术伴随着以 OFDM 为标志性多址接入技术的 4G 系统的出现而得到广泛应用。

空间矩阵中每行（列）之间的相关性与发射天线和接收天线的形状、配置，以及无线传播环境有关，本书 3.3 节中有对空间信道建模的描述。用 $z_1, \cdots, z_M$ 表示 $M$ 根接收天线上的干扰，接收的信号可以表示为

$$y = \begin{bmatrix} h_{11} & \cdots & h_{1N} \\ \vdots & \ddots & \vdots \\ h_{M1} & \cdots & h_{MN} \end{bmatrix} \begin{bmatrix} x_1 \\ \vdots \\ x_N \end{bmatrix} + \begin{bmatrix} z_1 \\ \vdots \\ z_M \end{bmatrix} = Hx + z \tag{3-1}$$

通常各个接收天线的干扰 $z_1, \cdots, z_M$ 彼此之间认为是不相关的，可以建模成均值为 0、方差为 $\sigma_n^2$ 的等高斯分布。这里假设接收天线数目 $M$ 不小于发射天线数目 $N$。接收侧进行空间解调和信道解码，在解调和解码成功后，把得到的 $u'$ 传给协议高层。图 3-1 也即以最优接收机为例描述了非预编码（开环）MIMO 的系统框图，所谓的最优接收机是指空间解调与信道解码的联合处理，理论上需要最大似然的方法，而实际系统中一般涉及多层信号之间干扰消除等非线性运算。最优接收机代表多天线链路性能的上限，但实现复杂度和成本很高，实际系统中的接收机通常采用高效简洁的算法，性能稍差，但成本大大降低。

这里的"开环"是相对于空间信道状态信息而言的，即发射侧不需要知道空间信道矩阵 $H$ 中每个元素的瞬时值来进行空间预编码。但是接收侧仍然可以反馈少量的信道状态，如协方差矩阵 $HH^H$ 的特征值分布情况，以通知发射侧来合理选择空间复用的层数，即所谓"秩的自适应"（Rank Adaptation）。另外，协方差矩阵 $HH^H$ 的每个特征值可以通过信道质量指示（Channel Quality Indicator，CQI）的形式反馈给发射侧，从而对每一个空间复用的数据流（也称为"层"）进行合理的编码，体现在信道编码码率的选取上。这也意味着复用的数据流必须单独地经过信道编码，生成各层的码字（Codeword）；当采用混合自适应重传（Hybrid Automatic Repeat reQuest，HARQ）时，每一个数据流需配备单独的 HARQ 过程和确认/未确认（Acknowledgement/Un-acknowledgement，ACK/NACK）反馈，以层（或数据流）为单位，分别进行链路自适应。在这种情形下，如果调制信号的星座图服从高斯分布，则开环 MIMO 链路的容量可以表示为

$$C_{OL} = E\left[ \log_2 \det\left( I_M + \frac{P_t}{N\sigma_n^2} HH^H \right) \right] \tag{3-2}$$

式中，$I_M$ 是一个 $M \times M$ 的单位矩阵；$E(\cdot)$代表期望值运算，用来对信道快衰的随机过程进行遍历，得到统计平均。$P_t/\sigma_n^2$ 相当于终端的平均信噪比，如果是下行传输，则在移动通信系统中经常称之为所处的地理位置，它类似参考信号接收功率（Reference Signal Received Power，RSRP）。下角标"OL"是指开环（Open Loop），表示不反馈告知发射侧关于 $H$ 的信息（尤其是特征向量）。式（3-2）的几何含义可以从图 3-2 中看出，这里假设 $M = 3$、$N = 2$。

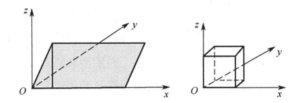

图 3-2  MIMO 信道容量矩阵表达式的几何含义（$M = 3$、$N = 2$）

由于 $\min(M, N) = 2$，式（3-2）中协方差矩阵 $HH^H$ 所构成的空间是 $xz$ 平面中的一个平行四边形，单位矩阵 $I_M$ 构成 $xyz$ 三维坐标系下的一个立方体，两者相加，构成一个平行四面体。行列式计算的几何意义是求这个平行四面体的体积，由于该平行四面体的特征向量彼此正交，其体积可以用特征值的乘积表示，即"$x$ 方向的底边长"乘"$z$ 方向的高度"乘"$y$ 方向的深度"。注意，由于单位矩阵 $I_M$ 是满秩的，即使当空间信道矩阵 $H$ 的秩为 1 时，该平行四面体也不会退化成一个平行四边形或者一条直线。对所有特征值经过信噪比缩放再加 1 之后，求得对数之和，最后再遍历各种信道状况，取平均容量。如果协方差矩阵不是满秩的（如 $M > N$），则该方向上（图 3-2 中 $y$ 方向）的特征值（加上单位矩阵）为 1，取对数后为 0，对最后的 MIMO 容量没有贡献，实际有效的相加项只有 $N$ 个。所以为方便计算，上式可以写成标量形式：

$$C_{OL} = E\left[ \sum_{i=1}^{N} \log_2 \left( 1 + \frac{P_t}{N\sigma_n^2} \lambda_i^2 \right) \right] \tag{3-3}$$

式中，$\lambda_i$ 是矩阵 $H$ 的奇异值，是 $HH^H$ 的特征值的平方根。式（3-3）的含义用一句话概括就是 $HH^H$ 每个非零特征值空间的信道容量之和。

实际的接收机经常采用线性最小均方差（Minimum Mean Squared Error，MMSE）的算法，非预编码空间复用的 MMSE 接收机框图如图 3-3 所示。

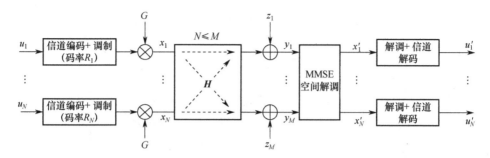

图 3-3　非预编码空间复用的 MMSE 接收机框图

经过 MMSE 空间解调第 $i$ 层的信号为

$$x_i = v^{\mathrm{H}} y = \left( K_i^{-1} h_i \right)^{\mathrm{H}} y = \left[ \left( \sigma_n^2 I_M + \sum_{j=1, j \neq i}^{N} \frac{P_t}{N} h_j h_j^{\mathrm{H}} \right)^{-1} h_j \right]^{\mathrm{H}} y \qquad (3\text{-}4)$$

式中，向量 $v$ 代表对第 $i$ 层进行 MMSE 线性处理；$h_i$ 是 $H$ 矩阵的第 $i$ 列。可以看出，向量 $v$ 不仅与第 $i$ 层的信道 $h_i$ 有关，而且与第 $i$ 层受到的干扰 $K_i$ 有关。这个干扰 $K_i$ 包括噪声功率 $\sigma_n^2$ 以及这个用户的其他层传输对第 $i$ 层造成的干扰 $\sum_{j=1, j \neq i}^{N} \frac{P_t}{N} h_j h_j^{\mathrm{H}}$。所以第 $i$ 层信号的信噪比为

$$\gamma_{i,\mathrm{MMSE}} = \frac{P_t}{N} h_i^{\mathrm{H}} K_i^{-1} h_i \qquad (3\text{-}5)$$

因此，该 MIMO 链路的容量为

$$C_{\mathrm{OL,MMSE}} = E \left[ \sum_{i=1}^{N} \log_2 (1 + \gamma_i) \right] = E \left[ \sum_{i=1}^{N} \log_2 \left( 1 + \frac{P_t}{N} h_i^{\mathrm{H}} K_i^{-1} h_i \right) \right] \qquad (3\text{-}6)$$

图 3-4 对比了不同天线数量下，开环 MIMO 采用最优接收机［见式（3-3）］和 MMSE 接收机［见式（3-6）］的信道容量与 SNR 的曲线，这里 $H$ 中的各个元素假设是独立同分布（Independent Identically Distribution，IID，是指每个复数的幅度服从瑞利分布，相位在[0,2]间服从均匀分布）的。从图 3-4 中可以看出，随着信噪比（$P_t/\sigma_n^2$）的增加，空间复用带来的增益愈加显著。相对于最优接收机，MMSE 接收机的性能稍差一些，两者之间的性能差别随着复用层数的增多而增大，这说明采用 MMSE 线性方法抑制层间干扰仍具有局限性，尤其当干扰变得更为严重时。

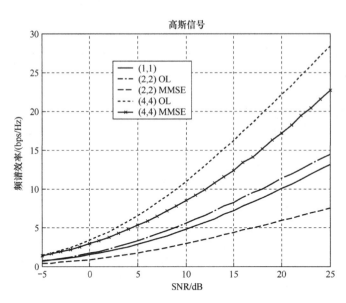

图 3-4　高斯信号下的最优接收机和 MMSE 接收机的开环 MIMO 链路容量，
*H* 中的元素是独立同分布的

在实际工程中，信号的调制阶数有限，通常最高支持 64 QAM，也就是说，每层的频谱效率的峰值限制在 6 bps/Hz。考虑 QAM 信号调制的局限性，开环 MIMO 链路容量如图 3-5 所示。该曲线的变化趋势与图 3-4 类似，但是在高信

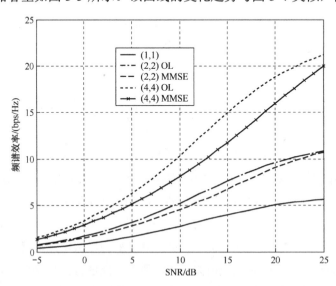

图 3-5　64 QAM 下的最优接收机和 MMSE 接收机的开环 MIMO 链路容量，
*H* 中的元素是独立同分布的[1]

噪比区域，有限调制阶数使得容量曲线趋于饱和，不利于最优接收机发挥其性能优势，最优接收机和 MMSE 接收机之间的性能差异变小。

图 3-6 所示为当接收天线数为 4 时，不同数量的发射天线所对应的 MIMO 链路容量。

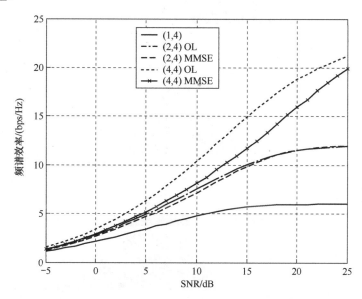

图 3-6　接收天线数为 4 时的 MIMO 链路容量，$H$ 中的元素是独立同分布的[1]

式（3-2）、式（3-3）和式（3-6）计算的是开环 MIMO 各态历经的平均信道容量，只具有统计意义，然而 MIMO 信道在快衰环境下是时变的，如果能利用好这一性质，则有助于提升 MIMO 链路的吞吐量。当信噪比等于 10 dB 时采用不同层数的开环 MIMO 信道容量的分布如图 3-7 所示。尽管从总体上讲，空间复用能够提高 MIMO 信道的平均容量，但这并不意味着 $H$ 的每次实现都是空间复用最好的。其实，它们在容量分布上有重叠，即当 $H$ 不满秩或者比较病态（最大特征值和最小特征值差别很大）时，空间复用会适得其反。为了提高容量，每当 $H$ 有明显变化时，接收侧可以分别对单层传输、两层传输和 4 层传输的信道容量进行计算和估计，从中选取最大的，将所对应的层数反馈给发射侧。在标准中，这项技术常称为层数自适应，也称秩的自适应。

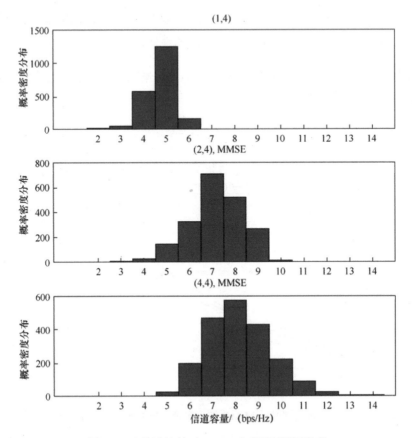

图 3-7　当信噪比等于 10 dB 时采用不同层数的
开环 MIMO 信道容量的分布

为了进一步降低工程实现的复杂度和控制信令的开销，不同的层可以共用一个码块，采用相同的码率，单码块 MIMO 的空间复用的框图如图 3-8 所示。在多数情形下，单码块（Single Codeword，SCW）MIMO 和 MMSE 接收机一起使用，这是因为单码块的各层不能独立进行信道解码，难以重构每一层的发送数据、再开展比特级的非线性干扰消除。而且由于缺乏对每一层的信道质量反馈，信道编码只能根据多层平均的信道质量反馈，所以单码块 MIMO 链路自适应的精准度不高，这对性能有一定的影响。当然，数据流只有一路，单码块 MIMO 只需要一个 HARQ 过程，ACK/NACK 反馈和传输授权的信令开销比较低，基带实现比较简单。

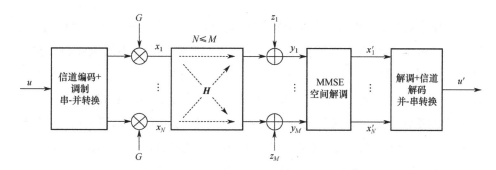

图 3-8 单码块 MIMO 的空间复用的框图

以上所述的容量曲线都是假设 **H** 中的元素是独立同分布的，在这种情形下，**HH**[H] 特征值相近的概率比较大，容量也比较高。但是，实际的无线信道环境和天线配置不一定能保证这样的条件，换句话说，**H** 的元素之间会存在一定的相关性，这会增大特征值之间的差异，降低 MIMO 链路容量，如图 3-9 所示。

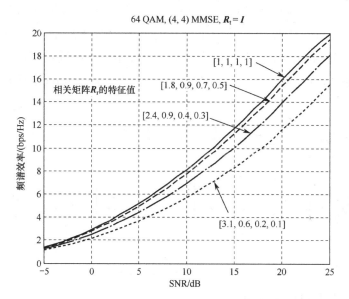

图 3-9 空间相关性对开环（$N = 4$，$M = 4$）MIMO 链路容量的影响，**H** 中的元素有相关性[1]

在图 3-9 中，空间相关性是通过式（3-7）引入的。

$$\hat{H} = R_{\mathrm{r}}^{\frac{1}{2}} H_{\mathrm{IID}} R_{\mathrm{t}}^{\frac{1}{2}} \qquad (3\text{-}7)$$

式中，$H_{IID}$ 的各个元素是独立同分布的随机变量，幅度符合瑞利分布（Rayleigh Distribution），相位符合[0,2π]的均匀分布。$R_r$ 和 $R_t$ 分别是发射天线和接收天线的空间相关矩阵，这两个相关矩阵取决于角度发散（Angle Spread）、天线之间的距离、极化情况、入射角、发射角等。这些参数之间的关系将在本书 3.3 节中详细论述。这里，接收天线的空间相关矩阵为非单位阵，特征值分别为 [1.8, 0.9, 0.7, 0.5]、[2.4, 0.9, 0.4, 0.3]和[3.1, 0.6, 0.2, 0.1]。可以看出，随着空间信道矩阵病态程度的增加，空间复用带来的增益逐渐减小。也正是因为这个原因，采用不同层的传输，其信道总容量的次序存在较强的随机性，使得层数自适应的必要性更强。

### 3.1.2 闭环空间复用

如果发射侧不仅知道空间信道矩阵 $H$ 的特征值，而且还知道 $H$ 的特征向量，则可以采用预编码来增加 MIMO 链路的容量，尤其当 $N > M$ 时，预编码的作用愈加明显。因此可以说，闭环空间复用的 MIMO（简称闭环 MIMO）是尽量发挥发射侧的空间自由度，而开环 MIMO 是尽量发挥接收侧的空间自由度。图 3-10 所示的是预编码的空间复用，即闭环 MIMO 的链路模型。

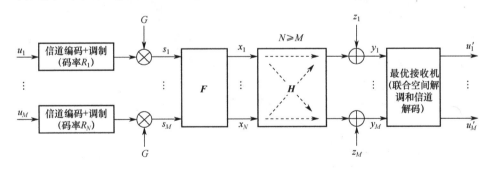

图 3-10　预编码的空间复用

接收的信号可以表示为

$$y = HFs + z = \begin{bmatrix} h_{11} & \cdots & h_{1N} \\ \vdots & \ddots & \vdots \\ h_{M1} & \cdots & h_{MN} \end{bmatrix} \begin{bmatrix} w_{11} & \cdots & w_{1M} \\ \vdots & \ddots & \vdots \\ w_{N1} & \cdots & w_{NM} \end{bmatrix} \begin{bmatrix} s_1 \\ \vdots \\ s_M \end{bmatrix} + \begin{bmatrix} z_1 \\ \vdots \\ z_N \end{bmatrix} \tag{3-8}$$

式中，$F$ 是 $N$ 行 $M$ 列的预编码矩阵。预编码矩阵的元素需要归一化，以保证

发射侧的总功率为 $P_t$。

对于单用户空间复用，预编码的益处主要体现在信噪比的增加。对式（3-8）中的空间信道矩阵 $\boldsymbol{H}$ 进行奇异值分解，得到：

$$y = HFs + z = U\Lambda V^{\mathrm{H}}Fs + z \tag{3-9}$$

理想闭环（Closed Loop，CL）意味着预编码矩阵 $\boldsymbol{F}$ 正好与右分解矩阵 $\boldsymbol{V}$ 抵消，此时 MIMO 链路的性能界可以表示为

$$C_{\mathrm{CL}} = E\left[\sum_{i=1}^{M}\log_2\left(1+\frac{P_i^{\mathrm{opt}}}{\sigma_{\mathrm{n}}^2}\lambda_i^2\right)\right] \tag{3-10}$$

其中，每个层的发射功率可以由灌水（Water Filling）算法得出，即

$$P_i^{\mathrm{opt}} = \left(\mu - \frac{\sigma_{\mathrm{n}}^2}{\lambda_i^2}\right)^{+} \tag{3-11}$$

式中，上角标 "+" 代表 $a^+ = \max(a,0)$，还需满足 $\sum_{i=1}^{M}P_i^{\mathrm{opt}} = P_t$；$\mu$ 是水位高度。从式（3-10）中可以发现，当发射天线数大于接收天线数时（$N \geqslant M$），通过灌水算法，发射总功率能够集中在非零的特征向量上，而不是像开环时将总功率均匀分配（$P_t/N$）到所有的发射天线上。本质上，发射侧基于闭环反馈的预编码与接收侧的相干合并是类似的原理，前者通常在发射天线数人于接收天线数时使用，而后者是在接收天线数大于发射天线数时使用，最终结果都是增加了等效的信噪比，而不是增加了空间复用的层数。当然为了实现等效信噪比的增加，发射侧的预编码要比接收侧的相干合并更具有挑战，因为这需要精确和实时的信道状态信息反馈。

闭环 MIMO 一般并不增加空间复用的层数，开环 MIMO 与闭环 MIMO 链路容量的差别基本上不随着信噪比的增加而改变，而是保持一个相对 MIMO 恒定的性能差。同理，当接收天线数与发射天线数相同时（$M=N$），开环 MIMO 和闭环 MIMO 链路容量差别也就不明显了，如图 3-11 所示。

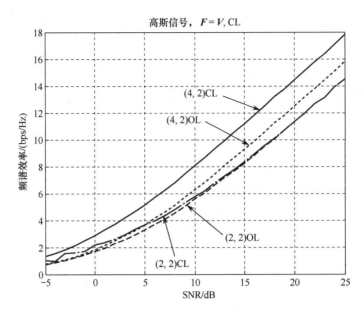

图 3-11　开环（非预编码）MIMO 和闭环（预编码）MIMO 链路容量比较，
$\boldsymbol{H}$ 中的元素是独立同分布的[1]

实际系统通常是很难通过将奇异值分解而得到矩阵 $\boldsymbol{V}$ 以浮点数形式反馈给发射侧的，原因之一是所需的信令反馈开销过大，另外，对 $\boldsymbol{H}$ 的估计本身就存在一定的误差。因此，一般需要用码本的方式来对奇异值分解后的右分解矩阵 $\boldsymbol{V}$ 进行信息压缩。文献[2]证明了对于元素是独立同分布的 $\boldsymbol{H}$，如果信道反馈的比特数是固定的，则最优的码本可以通过格拉斯曼流形（Grassmannian Manifold）上的搜索而得出。图 3-12 所示为浮点数反馈（非量化反馈）与 5 bit 格拉斯曼码本量化的闭环 MIMO 链路容量对比。可以看出，两者的性能差距基本不随信噪比的增加而增大或减小，这说明格拉斯曼码本的量化误差主要影响的是有用信号功率的折损，使得等效信噪比有一定程度的降低，但量化码本本身并不改变空间复用带来的增益。这也是单用户预编码 MIMO 性能的一大特点。

需要指出的是，尽管格拉斯曼码本在固定比特反馈的情形下是最优的，但实际系统一般不能直接用该码本来做预编码。其原因是格拉斯曼码本不满足恒模（Const Module）的性质，对发射天线的功率放大器要求较高；另外，格拉斯曼码本量化的计算较为复杂，结构性比较差，码本的存储需要较多的比特。所以格拉斯曼码本的理论意义大于工程意义，在这里只是代表固定比特的 $\boldsymbol{H}$

量化反馈的性能上限。

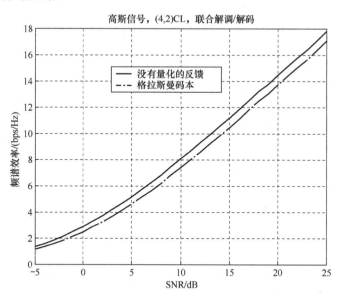

图 3-12　浮点数反馈与 5 bit 格拉斯曼码本量化的闭环 MIMO 链路容量对比[1]

正如前文提到的，实际终端接收机是难以实现联合空间解调和信道解码的，在大多数情况下是采用线性 MMSE 空间解调的，此时闭环 MIMO 链路容量可以表达为

$$C_{\mathrm{CL,MMSE}} = E\left[\sum_{i=1}^{M}\log_2(1+\gamma_i)\right] = E\left[\sum_{i=1}^{M}\log_2\left(1+\frac{P_t}{M}\tilde{\boldsymbol{h}}_i^{\mathrm{H}}\boldsymbol{K}_i^{-1}\tilde{\boldsymbol{h}}_i\right)\right] \quad (3\text{-}12)$$

式中，向量 $\tilde{\boldsymbol{h}}_i$ 是预编码后的空间信道 $\boldsymbol{HF}$ 的第 $i$ 列向量。$\boldsymbol{K}_i$ 的定义与非预编码（开环）MIMO 时的情形类似，这里只是用预编码的向量代替没有预编码的空间信道向量：

$$\boldsymbol{K}_i = \sigma_{\mathrm{n}}^2\boldsymbol{I}_M + \sum_{j=1,j\neq i}^{M}\frac{P_t}{M}\tilde{\boldsymbol{h}}_j^{\mathrm{H}}\tilde{\boldsymbol{h}}_j \quad (3\text{-}13)$$

图 3-13 所示为采用 MMSE 接收机的预编码（闭环）MIMO 的链路容量，信号调制的方式是 64 QAM，预编码码本是 5 bit 格拉斯曼类型，该曲线反映了用 5 bit 反馈，以及线性空间 MMSE 解调，4 发 2 收天线所能达到的链路容量上限。

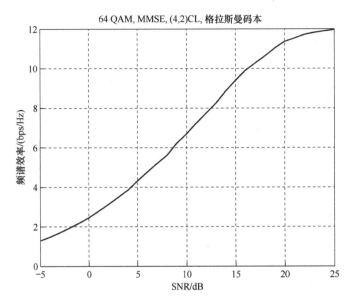

图 3-13 采用 5 bit 格拉斯曼码本的闭环 MIMO 链路容量，

**H** 中的元素是独立同分布的[1]

需要指出的是，在实际工程中，无论在接收侧还是发射侧都会做很大优化，以保证性能在不受明显影响的条件下能够用最简单实用的算法，而这些优化往往又根据厂家的具体软硬件来实现，与前面介绍的最优接收机以及经典的 MMSE 空间解调会有较大区别。因此在标准协议制定预编码码本时，也要考虑发端厂家和收端厂家在算法实现上的不一致性，如终端接收机依据某种信道估计方法和信道容量估算选择预编码矩阵指示（Precoding Matrix Indicator，PMI），但发射侧收到反馈后，并不一定完全遵照该 PMI 进行预编码。

# 3.2 多用户空间复用

## 3.2.1 最优方式

多用户多天线的理论基础是信息论中的"广播信道"（Broadcasting Channel），其目的在于提高多天线的系统容量。顾名思义，多用户多天线是指多个用户在多个天线构成的空间维度上复用时频资源，最优的方法是所谓的"污纸编码"（Dirty Paper Coding，DPC）[3]。但污纸编码需要非线性的信号处理，实现复杂度很高，所以在工程中通常采用线性预编码来逼近污纸编码的理论性能。

当多个用户复用时频资源时，会带来用户间的干扰。因此，多用户预编码的作用不仅仅是提升每条链路的等效信噪比，而且要降低对其他用户的干扰。图 3-14 所示为一个两用户 MIMO 的系统框图，接收侧采用 MMSE 空间解调。每个用户有 $M$ 层，分别用 $\boldsymbol{F}_1$ 和 $\boldsymbol{F}_2$ 矩阵进行预编码，所经历空间信道分别为 $\boldsymbol{H}_1$ 和 $\boldsymbol{H}_2$。两用户之间的干扰体现在：本来是发射给用户 1 和用户 2 的信号，经过空间信道 $\boldsymbol{H}_2$ 和 $\boldsymbol{H}_1$ 分别到达用户 2 和用户 1 的接收侧。这部分的干扰可以通过选用合适的 $\boldsymbol{F}_1$ 和 $\boldsymbol{F}_2$ 来进行一定程度的抑制。从数学上看，用户 1 和用户 2 在第 $i$ 层看到的干扰可以分别表示为

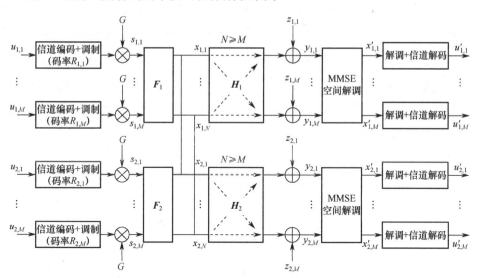

图 3-14　两用户 MIMO 的系统框图

$$
\begin{aligned}
\boldsymbol{K}_{i,1} &= \sigma_n^2 \boldsymbol{I}_M + \sum_{j=1, j\neq i}^{M} \frac{P_t}{2M} \tilde{\boldsymbol{h}}_{j,11}^{\mathrm{H}} \tilde{\boldsymbol{h}}_{j,11} + \sum_{j=1}^{M} \frac{P_t}{2M} \tilde{\boldsymbol{h}}_{j,12}^{\mathrm{H}} \tilde{\boldsymbol{h}}_{j,12} \\
\boldsymbol{K}_{i,2} &= \sigma_n^2 \boldsymbol{I}_M + \sum_{j=1, j\neq i}^{M} \frac{P_t}{2M} \tilde{\boldsymbol{h}}_{j,22}^{\mathrm{H}} \tilde{\boldsymbol{h}}_{j,22} + \sum_{j=1}^{M} \frac{P_t}{2M} \tilde{\boldsymbol{h}}_{j,21}^{\mathrm{H}} \tilde{\boldsymbol{h}}_{j,21}
\end{aligned}
\tag{3-14}
$$

式中，等号右边的第一项是小区间的干扰和热噪声功率（建模成白噪声），第二项是每个用户不同层之间的干扰，第三项是用户 1 和用户 2 之间的干扰。$\tilde{\boldsymbol{h}}_{j,12}$ 和 $\tilde{\boldsymbol{h}}_{j,21}$ 分别是 $\boldsymbol{H}_1\boldsymbol{F}_2$ 和 $\boldsymbol{H}_2\boldsymbol{F}_1$ 的第 $j$ 列向量。考虑 64 QAM 信号调制，这个两用户 MIMO 的和容量可以写成：

$$C_{\text{MU,64QAM,MMSE}} = E\left[\sum_{i=1}^{M} C_{\text{64QAM}}\left(\frac{P_t}{2M}\tilde{\boldsymbol{h}}_{i,11}^{\text{H}}\boldsymbol{K}_{i,1}^{-1}\tilde{\boldsymbol{h}}_{i,11}\right)\right] + \sum_{i=1}^{M} C_{\text{64QAM}}\left(\frac{P_t}{2M}\tilde{\boldsymbol{h}}_{i,22}^{\text{H}}\boldsymbol{K}_{i,2}^{-1}\tilde{\boldsymbol{h}}_{i,22}\right)$$

（3-15）

式中，$C_{\text{64QAM}}(\cdot)$ 是单用户 64 QAM 调制所能达到的容量极限。

多用户 MIMO 预编码矩阵的性能分析和系统设计是一项很深的研究，常用的线性算法有迫零（Zero Forcing，ZF）、块对角化（Block Diagonalization）、信漏噪比（Signal-to-Leakage-and-Noise Ratio，SLNR）等。通常，空口协议标准不规定预编码的方法，其算法选择属于发射侧（尤其在基站侧）的产品实现。但在标准制定过程中，需要对 CSI 反馈等具有标准化影响的方案进行性能仿真评估，因此需要确定链路级和系统级性能仿真评估中具体采用的预编码算法。这里以 SLNR 算法[4]为例，分析多用户 MIMO 的理论性能。SLNR 是一种较为简洁高效的算法，以图 3-14 两用户 MIMO 为例，基于 SLNR 准则的预编码矩阵可以表示为

$$\boldsymbol{F}_1 = \text{eig}\left(\left(\sigma_n^2\boldsymbol{I}_N + \frac{P_t}{2M}\boldsymbol{H}_2^{\text{H}}\boldsymbol{H}_2\right)^{-1}\boldsymbol{H}_1^{\text{H}}\boldsymbol{H}_1\right)$$

$$\boldsymbol{F}_1 = \text{eig}\left(\left(\sigma_n^2\boldsymbol{I}_N + \frac{P_t}{2M}\boldsymbol{H}_1^{\text{H}}\boldsymbol{H}_1\right)^{-1}\boldsymbol{H}_2^{\text{H}}\boldsymbol{H}_2\right)$$

（3-16）

式中，算符 $\text{eig}(\cdot)$ 挑选出该矩阵中最强的 $M$ 个特征向量作为预编码矩阵的列向量。$\boldsymbol{R}_1 = \boldsymbol{H}_1^{\text{H}}\boldsymbol{H}_1$ 和 $\boldsymbol{R}_2 = \boldsymbol{H}_2^{\text{H}}\boldsymbol{H}_2$ 是 $N\times N$ 矩阵，本质上是发射天线的协方差矩阵（Covariance Matrix），是复共轭的。换句话讲，SLNR 算法是基于发射侧天线的空间特性的。

与单用户 MIMO 相比，多用户 MIMO 能够带来不同用户复用的增益，对提升系统容量的帮助更大，但是对反馈精度的要求也严格得多，否则反馈误差

会在预编码矩阵计算中积累和放大，无法有效抑制多用户之间的干扰。对于不相关的空间信道，文献[5]从理论上证明为了充分实现多用户资源复用的增益，空间信道信息的比特数应该随着信噪比工作点的分贝值线性增加，即

$$B = (N-1)\log_2 P \approx \frac{N-1}{3}P(\mathrm{dB}) \tag{3-17}$$

式中，$N$ 是发射天线数。这意味着在信噪比较低时，用粗粒度的码本对空间信道进行量化比较合适；在高信噪比时可采用细颗粒度的码本。需要指出的是，资源复用增益只有在高信噪比时才明显体现，总的来说，所需的比特数相当多。

为了有效地提高空间信道的量化精度，也可以直接对信道本身进行采样。回顾在闭环单用户 MIMO 情形中，预编码矩阵的选取一般是与接收侧所采用的算法有关的，如对于 MMSE 的接收机，如果 Rank（秩）$= M$，则最佳的码字为

$$\boldsymbol{F}^{\mathrm{opt}} = \arg\max_{g=1,\cdots,G} \sum_{i=1}^{M} C_{\mathrm{const}}\left(\frac{P_{\mathrm{t}}}{M}\tilde{\boldsymbol{h}}_i^{\mathrm{H}}(g)\boldsymbol{K}_{i,1}^{-1}(g)\tilde{\boldsymbol{h}}_i(g)\right) \tag{3-18}$$

式中，$G$ 是码本中码字的数量；$C_{\mathrm{const}}(\cdot)$ 是最高的调制等级（一般为 64 QAM）的容量与信噪比的曲线[6]。矩阵 $\boldsymbol{K}$ 反映了 MMSE 接收机的特点。尽管选取的最佳码字的特征方向与空间信道矩阵 $\boldsymbol{H}$ 的特征方向大概一致，但从本质上说这是一种间接的反映，是有条件的，与接收机算法有关，故常称之为隐式的反馈（Implicit Feedback）。而对于多用户 MIMO，预编码矩阵更关心空间信道本身的特性，所以隐式反馈从理论上讲会产生更多的失真，不适用于多用户 MIMO 的预编码。

信道的直接量化也称为显式的反馈（Explicit Feedback），从理论上能够更客观地刻画信道本身的特性，比较适合多用户 MIMO。纯粹对复数的矩阵 $\boldsymbol{H}$ 压缩，并不是一个有效的方法。从 SLNR 算法中可以看出，与预编码直接有关的是发射天线的空间协方差矩阵 $\boldsymbol{R}$，因此分解成：

$$\boldsymbol{R} = \boldsymbol{H}^{\mathrm{H}}\boldsymbol{H} = [\boldsymbol{v}_1 \cdots \boldsymbol{v}_N]\begin{bmatrix} |\lambda_1|^2 & & \\ & \ddots & \\ & & |\lambda_N|^2 \end{bmatrix}\begin{bmatrix} \boldsymbol{v}_1 \\ \vdots \\ \boldsymbol{v}_N \end{bmatrix} = \sum_{i=1}^{N}|\lambda_i|^2\,\boldsymbol{v}_i\boldsymbol{v}_i^{\mathrm{H}} \tag{3-19}$$

对于非零特征值的每一个特征向量量化，如查找一组码字 $\tilde{v}_1, \cdots, \tilde{v}_M$，能够最接近 $v_1, \cdots, v_M$。接近程度的量度通常是弦距离（Chordal Distance）$D_{\mathrm{MSE}}$[①]：

$$D_{\mathrm{MSE}} = \frac{1}{N^2} \left\| \tilde{V} \Sigma^2 \tilde{V}^{\mathrm{H}} - H^{\mathrm{H}} H \right\|_{\mathrm{Frobenius}}^2 \qquad （3\text{-}20）$$

码字 $\tilde{v}_1, \cdots, \tilde{v}_M$ 可以逐列地搜索，或者逐矩阵地搜索。特征值与等效信道的信噪比成正比，反馈可以类似 CQI。码字 $\tilde{v}_1, \cdots, \tilde{v}_M$ 设计的最优方法是格拉斯曼，但生成的码字的元素一般不是有限域的。

当允许更多反馈比特时，格拉斯曼码本的计算设计要花相当长的时间，相比其他压缩方式，其最优特性不再显著。逐个元素地对空间协方差矩阵 $R$ 进行压缩也值得考虑。因为 $R$ 是共轭对称阵，所以只需要量化上三角阵的元素，而且对角线上的元素是实数，只需量化幅度。

图 3-15 给出一个两用户 MIMO 仿真的例子，天线之间不相关，4 发 2 收。每个用户最多有两层，一共可以支持 4 层传输。

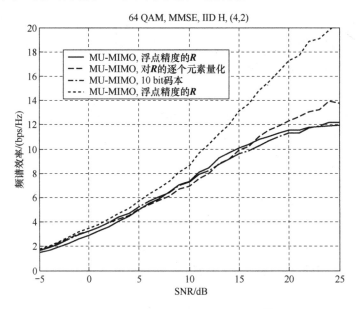

图 3-15　两用户 MIMO 仿真的例子[1]

---

① MSE 的英文全称为 Mean Squared Error，即均方误差。

从图 3-15 中可以看出，当采用浮点的协方差矩阵（非量化）时，多用户之间的资源复用增益随着信噪比的增高而愈加明显。但当用 10 bit 码本对两个特征向量逐个量化后，性能会大幅度下降，还不如单用户 MIMO。即使用 8 bit 对 4×4 协方差矩阵上三角阵的每一个元素进行量化，精度还显不够，性能与单用户 MIMO 相差不大。采用更先进的接收机，如干扰消除，有望缓解对反馈精度的严格要求，但这并不能从根本上解决反馈误差所造成的不同用户之间的干扰。

在实际工程中，与单用户闭环 MIMO 的 PMI 反馈类似，多用户 MIMO 的码本设计也要考虑发射侧和接收侧在具体实现上的差异。多用户 MIMO 牵扯更多系统级的操作，如用户配对、资源调度等，算法更为复杂，基站和终端厂家的算法优化方法不尽相同。

### 3.2.2 退化形式

当空间信道存在相关性时，信道的秩变小，信道本身包含的信息量减少，所需的量化比特数也大幅度减少。图 3-16 所示为相关信道下两用户 MIMO 的容量曲线。发射天线是均匀线性阵列，信道系数只有相位上的差异，因此空间信道矩阵 $H$ 的秩为 1，即每个用户本身无法进行单用户的空间复用。在单用户情形下，4 根天线主要带来的是等效信噪比的增加，最终容量饱和在 6 bps/Hz。当两用户空间复用时，性能明显提高。而且无论是用 6 bit 码本，还是逐个元素地量化，性能相对浮点反馈的下降都在可以接受的范围内。这再次验证了在相关信道情形下，信道信息反馈的难度明显降低。

对于高频段通信，由于传播环境的散射/衍射现象不明显，信道的稀疏性变强，空间秩降低，再加上高频信道的路径损耗严重，且功率放大器等射频器件的效率较低，发射功率难以提得很高，数据传输的主要瓶颈在于功率受限，因此需要依靠多天线的波束赋形增益。此时 MIMO 的运行模式多数是秩为 1 的退化形式。信道状态信息（CSI）主要与大尺度衰落有关，如终端的位置、阴影衰落等。

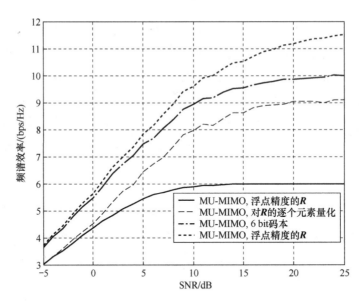

图 3-16　两用户 MIMO 的容量曲线，4 根线性阵列发射天线（$H$ 的秩为 1）[1]

当天线的配置是 4 根等间距线性阵列时，原则上可以容纳 4 个用户复用时频资源，图 3-17 所示的是其总容量曲线。因为每个用户最高能达到 6 bps/Hz，所以原则上总容量应该逼近 24 bps/Hz，饱和点应类似于图 3-15 中性能最好的曲线。但是，4 个用户之间的干扰要比两用户之间的高，换句话说，4 线

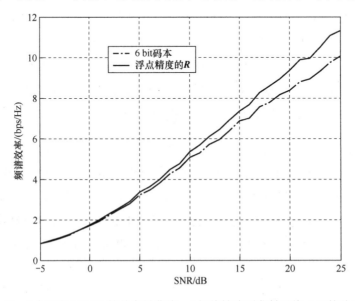

图 3-17　4 个用户 MIMO 的总容量曲线，4 根线性阵列发射天线（$H$ 的秩为 1）

仍然无法提供足够的空间自由度来减少用户间的干扰，所以总容量在信噪比为25 dB 时还未接近饱和。而且对比图 3-16 中的两用户复用，4 个用户复用的总容量偏低。这说明，复用的用户数应该设置合理，既要考虑多用户空间复用能带来的潜在性能增益，也要权衡增加复用用户数所引入的额外干扰。

与图 3-16 类似，图 3-17 中的 6 bit 码本的性能与浮点的相差不大。这再一次说明空间信道信息存在相关性时，其反馈更容易在工程中得到实现。

# 3.3　空间信道模型与有源天线模型

多天线 MIMO 技术有两大物理基础模型：一个是空间信道模型；另一个是有源天线模型。空间信道矩阵的关键性质在很大程度上取决于这两大物理基础模型。

## 3.3.1　空间信道模型

空间信道模型本身牵扯到多个天线之间的相互连接，对于多发多收天线，信道的描述至少需要一个矩阵。空间信道模型中需要先设定每个散射体的诸多几何参数，包括各种散射簇中心的空间角度、散射簇的大小和角度扩展分布、散射簇中每个散射体的分布、移动速度、阴影衰落等，然后根据公式，对每一对收/发天线，生成时域变化的信道系数。因此，无线信道小尺度衰落的建模方式有三大类。

（1）基于几何方式的统计性模型，建模相对简单，不需要具体场景的电磁学参数，具有较好的普适性，容易校准对比。

（2）基于射线追踪的确定性模型，根据麦克斯韦方程组，建模相对复杂，需要具体场景的一整套电磁学参数，普适性较差，不易校准对比。

（3）统计性+确定性的混合模型，结合前两种方法的特点。

在主要的移动通信标准（如 3GPP 标准）中，基于几何方式的统计性模型应用最广。尽管模型参数烦琐，但原理并不复杂。这种空间信道模型[7]是杰克斯模型（Jakes Model）的进一步延伸。

图 3-18 所示为无线信道小尺寸衰落的杰克斯模型，描述了从基站侧的一个发射天线发出电磁波，通过其中一个（第 $n$ 个）散射体簇群，到达移动终端侧的其中一个接收天线。每个这样的子信道遵循经典的杰克斯模型，即散射体一圈围绕着终端或是终端的映像（当有大的平面反射表面），每个散射体形成一个子径（Subpath）$m$。每个散射体簇对应时延功率谱中的每一条可分辨的时延功率相关峰，终端的移动速度是 $v$。

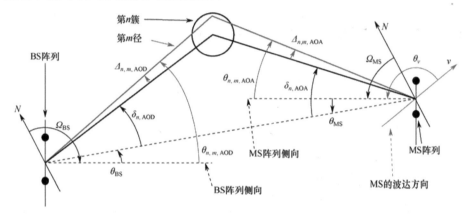

图 3-18　无线信道小尺寸衰落的杰克斯模型

相对于经典的杰克斯模型，为了刻画信道的空间特性，图 3-18 所示的模型定义了一系列的几何参数（这些参数的引入是后向兼容的，即信道的时频特性仍然符合常用的抽头延迟线模型），如基站到终端的连线有夹角 $\theta$，第 $n$ 个簇群中心点与发射天线阵列法线方向的夹角，与接收天线阵列法线方向的夹角，以及每个散射体与那两个天线阵列法线方向的夹角，考虑垂直极化情况下连接基站发射侧的第 $s$ 根天线和终端接收侧的第 $u$ 根天线的信道，其中第 $n$ 个散射簇的快衰信道的冲激响应可以描述为

$$h_{s,u,n}(t) = \sqrt{\frac{P_n \sigma_{\mathrm{LN}}}{M}} \left( \sum_{m=1}^{M} \sqrt{G_{\mathrm{BS}}(\theta_{n,m,\mathrm{AOD}})} \exp(jkd_s \sin(\theta_{n,m,\mathrm{AOD}})) \times \right.$$

$$\left. \sqrt{G_{\mathrm{MS}}(\theta_{n,m,\mathrm{AOA}})} \exp(j[kd_u \sin(\theta_{n,m,\mathrm{AOA}}) + \Phi_{n,m}]) \right) \exp(jk\|v\| \cos(\theta_{m,n,\mathrm{AOA}} - \theta_v)t)$$

$$(3\text{-}21)$$

式中，$\sigma_{\mathrm{LN}}$ 是发射侧到接收侧的大尺度衰落，包括阴影衰落。$G_{\mathrm{BS}}(\theta)$ 和 $G_{\mathrm{MS}}(\theta)$ 分别是基站天线和终端天线的辐射角度增益函数，它们的数学建模和表达式在 3.3.2 节中详述。$d_s$ 是第 $s$ 根天线到基站基准天线的空间距离，$d_u$ 是第 $u$ 根天线到终端基准天线的空间距离。$P_n$ 是分到第 $n$ 个散射簇的信号功率。每个散射簇共有 $M$ 个散射体。第 $n$ 个散射簇中的第 $m$ 个散射体相对于发射天线法线方向和接收天线法线方向的角度分别为 $\theta_{n,m,\mathrm{AoD}}$ 和 $\theta_{n,m,\mathrm{AoA}}$，引入的随机相位为 $\Phi_{n,m}$。常系数 $k$ 是波数 $2\pi/\lambda$。终端的移动速率为 $\|v\|$，方向与接收侧天线法线方向的角度为 $\theta_v$。

以两根发射天线为例，为突出空间信道的特性，这里假设单个主径（只有一个散射体簇群）信道，此时在发射侧或接收侧，距离为 $d$ 的两根天线之间的空间相关度可表示为

$$\rho(d) = \int_0^{2\pi} \exp\left[ \mathrm{j}\frac{2\pi}{\lambda} d \cos(\theta - \phi) \right] p(\theta)\mathrm{d}\theta \qquad (3\text{-}22)$$

式中，$\phi$ 是入射角或是发射角，取决于是发射侧还是接收侧；$p(\theta)$ 代表角度发散的分布，即式（3-21）中的 $\theta_{n,m,\mathrm{AoD}}$ 和 $\theta_{n,m,\mathrm{AoA}}$ 的分布，通常建模成高斯分布或拉普拉斯分布。图 3-19 所示为 ITU UMa、UMi 和 SMa 场景的非视距（Non Line Of Sight，NLOS）环境下的角度发散分布。通过式（3-22）可以算出空间相关度与天线间距的关系，如图 3-20 所示。UMa 场景代表典型城市具有多个高层建筑的部署环境，周围丰富的散射体造成空间信道的角度发散较大，天线空间相关度较低；而 SMa 场景代表典型郊区低矮建筑的部署环境，周围散射体较少，空间信道的角度发散较小，天线相关度较高，尤其在天线间距较小时。但当天线间距超过 5 个波长时，无论是 UMa 场景还是 SMa 场景，天线之间的空间相关度都变得很低。图 3-20 还说明，天线之间的空间相关度与入射角/发射角也有一定关系。当终端在基站发射天线法线正对的方向上时，基站天线间的相关度较低；而当终端的位置与基站发射天线法线方向的角度较大时，即处于小区两侧边缘方向发射时（如图 3-20 所示的 40°情形），基站天线间的空间相关度较高。

对于存在多条径（多个散射簇）的传播环境，每一条径的建模方式如上所描述，最后的空间相关度是各个径（散射体簇群）的加权叠加。在 ITU 空间信

道模型中对视距（Line Of Sight，LOS）环境也定义了相应的角度发散等参数，其角度发散明显比 NLOS 场景的小。

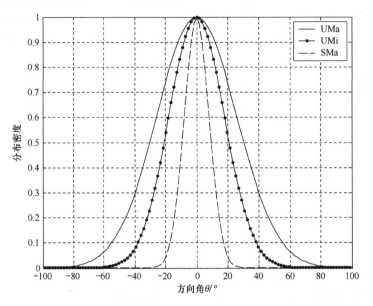

图 3-19　ITU UMa、UMi 和 SMa 场景的 NLOS 环境下的角度发散 $p(\theta)$ 分布

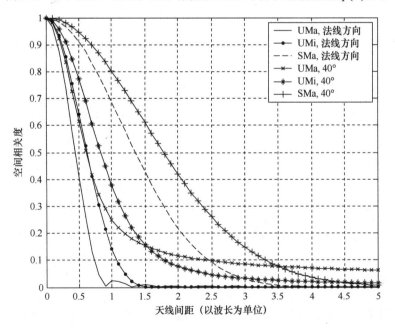

图 3-20　空间相关度与天线间距的关系，散射角呈高斯分布，以 NLOS 为例

在链路仿真中，终端相对于基站天线阵列的入射角 $\phi$ 通常设成固定值，如 0°，所以当传播环境和天线间距确定后，天线之间的相关系数是一个确定值。但在系统仿真中存在多个终端，每个终端相对于基站天线阵列的入射角 $\phi$ 不同，所以即使在相同的传播环境下，如 UMa 或是 UMi，垂直极化天线间的相关系数也会随着终端的地理位置不同而变化，呈现某种分布。考虑发散角的方差为 2°，天线间距为 10 个波长。通过系统仿真得出的垂直极化天线之间的相关系数，其累积分布函数（Cumulative Distribution Function，CDF）如图 3-21 所示。可以看出，大约 30% 的用户的两个天线间的空间相关度较低（低于 0.1），说明这些用户大致处于基站天线的法线方向的区域，10% 左右的用户的两个天线的空间相关度较高（大于 0.45），说明这些用户相对于基站天线以小角度入射/出射。总的来说，用户的两个天线的空间相关度的中值大约为 0.15，属于相关度较低的场景。

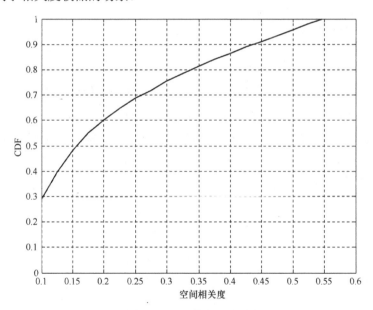

图 3-21 垂直极化天线的空间相关度的累积分布函数，天线间距为 10 个波长，角度扩散的标准差为 2°[1]

因为空间信道的参数与终端的位置、周围环境以及收发天线的配置有关，基本上是大尺寸衰落类型的参数，大量的信道测量结果表明，散射簇的分布、每个散射簇的到达角/离开角扩展、直射径与散射径的强度比例（如莱斯因子）、阴影衰落等存在一定的相关关系，空间相关度与传播环境有关。因此，现在比较常用的统计性模型中[8]，一般会定义一系列的散射簇角度与莱斯因子、阴影衰落等的相关矩阵，将大尺度衰落的参数与信道的空间参数联系起来。

以上介绍的空间信道模型只考虑了单极化方向上的电磁波传播模型，对于双极化天线，可以将式（3-21）推广为

$$h_{s,u,n}(t) = \sqrt{\frac{P_n\sigma_{\text{LN}}}{M}}\left(\sum_{m=1}^{M}\begin{bmatrix}\chi_{\text{BS}}^{(\text{V})}(\theta_{n,m,\text{AOD}})\\\chi_{\text{BS}}^{(\text{H})}(\theta_{n,m,\text{AOD}})\end{bmatrix}^{\text{T}}\begin{bmatrix}\exp\left(\varPhi_{n,m}^{(\text{V},\text{V})}\right) & \sqrt{r_n}\exp\left(\varPhi_{n,m}^{(\text{H},\text{V})}\right)\\\sqrt{r_n}\exp\left(\varPhi_{n,m}^{(\text{V},\text{H})}\right) & \exp\left(\varPhi_{n,m}^{(\text{H},\text{H})}\right)\end{bmatrix}\begin{bmatrix}\chi_{\text{MS}}^{(\text{V})}(\theta_{n,m,\text{AOD}})\\\chi_{\text{MS}}^{(\text{H})}(\theta_{n,m,\text{AOD}})\end{bmatrix}\times\right.$$

$$\left.\exp\left(\text{j}kd_s\sin(\theta_{n,m,\text{AOD}})\right)\exp\left(\text{j}kd_u\sin(\theta_{n,m,\text{AOA}})\right)\exp\left(\text{j}k\|\boldsymbol{v}\|\cos(\theta_{n,m,\text{AOA}}-\theta_v)t\right)\right)$$

$$(3\text{-}23)$$

这个公式与单极化天线情形下公式的主要区别如下。

（1）无线电波在传播过程中，遇到不同的散射/反射/衍射体，极化方向会发生变化，而且存在一部分耦合。为了定量描述这种极化耦合现象，空间信道模型引入了参数交叉极化鉴别度（Cross Polarization Discrimination，XPD），即以一个极化方向（竖直或者水平）发出电磁波，接收侧在这个极化方向（竖直或者水平）收到的平均功率与另一个极化方向（水平或者竖直）收到的平均功率之比。无线传播中的极化耦合如图 3-22 所示，用式（3-24）表达。

$$\text{XPD}_{\text{V}} = 10\lg\left(\left|\frac{\alpha_{\text{V},\text{V}}}{\alpha_{\text{H},\text{V}}}\right|^2\right)\text{dB}$$

$$\text{XPD}_{\text{H}} = 10\lg\left(\left|\frac{\alpha_{\text{H},\text{H}}}{\alpha_{\text{V},\text{H}}}\right|^2\right)\text{dB}$$

$$(3\text{-}24)$$

在实际传播环境中，$\text{XPD}_{\text{V}}$ 和 $\text{XPD}_{\text{H}}$ 通常是不一样的，尤其在非视距（NLOS）的情形下。但是为简化建模，在 SCM 和 WINNER 空间信道模型中，这两个参数取相同的值。XPD 在式（3-23）里体现为参数 $r_n$，是 XPD 的倒数。不同极化方向传播中的耦合现象则用 2×2 的极化矩阵来建模。

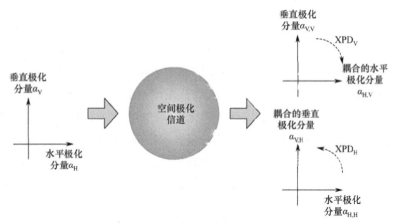

图 3-22　无线传播中的极化耦合

在空间信道模型中定义竖直极化和水平极化，是为了方便研究和测量。但在实际系统中，天线的两个极化方向不一定是竖直或水平的，对于基站天线，最常用的配置是±45°斜方向的，如图 3-23 所示；而对于终端天线，其方向的自由度更大。严格来讲需要在三维坐标中来描述。式（3-23）的极化矩阵前面一个二元的行向量 $\begin{bmatrix} \chi_{\text{BS}}^{(\text{V})}(\theta_{n,m,\text{AOD}}) \\ \chi_{\text{BS}}^{(\text{H})}(\theta_{n,m,\text{AOD}}) \end{bmatrix}^{\text{T}}$，这一项反映竖直极化和水平极化在基站的某根天线上的投影，而极化矩阵后面的二元列向量 $\begin{bmatrix} \chi_{\text{MS}}^{(\text{V})}(\theta_{n,m,\text{AOD}}) \\ \chi_{\text{MS}}^{(\text{H})}(\theta_{n,m,\text{AOD}}) \end{bmatrix}$ 代表的是竖直极化和水平极化在终端天线上的投影。具体地讲，在图 3-23 中，$\phi^{\text{b}}$ 是终端相对于基站天线法线方向的水平入射角，$\phi^{\text{m}}$ 是终端天线的水平投影相对于终端水平入射角的夹角，$\alpha^{\text{m}}$ 是终端天线垂直方向的角度。

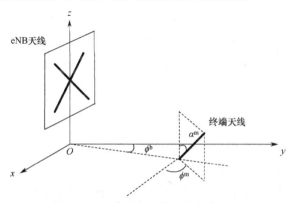

图 3-23　三维坐标下的天线极化表示

（2）在式（3-23）中，每个散射体对于 V-V、H-H、V-H 和 H-V 的相位响应 $\varPhi$ 是相互独立的随机变量，各自符合均匀分布，所产生的竖直和水平方向的信道快衰系数也是不相关的，这就构成了极化天线分集技术的基本物理条件。具体地讲，当发射天线和接收天线都是严格的水平方向或垂直方向布置时，按照式（3-23）的模型，这两个极化方向的相关性为 0。但除非是专门为了信道的测量，在实际部署时，垂直分量和水平极化分量的路径损耗不平衡，通常采用斜交叉的极化天线，以保证两种极化方向的大尺度衰落基本一致，而这样做有可能引入部分的空间相关性。用数学公式表达，对于 +45° 和 −45° 的交叉极化基站天线和单天线的终端，当只考虑一个散射簇时，式（3-23）可以简化为

$$\begin{bmatrix} h_{+45} \\ h_{-45} \end{bmatrix} = \begin{bmatrix} 1 & \cos\phi^b \\ 1 & -\cos\phi^b \end{bmatrix} \begin{bmatrix} n_{\text{V,V}} & \sqrt{\eta}n_{\text{V,H}} \\ \sqrt{\eta}n_{\text{H,V}} & n_{\text{H,H}} \end{bmatrix} \begin{bmatrix} \cos\alpha^m \\ \sin\alpha^m\cos\phi^m \end{bmatrix} \tag{3-25}$$

式中，等号右边中间矩阵的 4 个随机变量彼此独立，符合标准正态分布，$\eta$ 是 XPD 的线性表述。可以推导出 $h_{+45}$ 和 $h_{-45}$ 的相关系数为

$$\rho_{\text{x-pol}} = \frac{\cos^2\alpha^m + \eta\sin^2\alpha^m\cos^2\phi^m - \eta\cos^2\alpha^m\cos^2\phi^b - \sin^2\alpha^m\cos^2\phi^m\cos^2\phi^b}{\cos^2\alpha^m + \eta\sin^2\alpha^m\cos^2\phi^m + \eta\cos^2\alpha^m\cos^2\phi^b + \sin^2\alpha^m\cos^2\phi^m\cos^2\phi^b}$$

$$\tag{3-26}$$

当 $\phi^b = 0$、$\phi^m = 0$、$\alpha^m = \pi/4$ 或 $-\pi/4$ 时，即终端天线与基站的一个极化方向在三维坐标中完全重合，基站两个极化方向天线的相关系数为 0；随着终端天线变得越来越竖直或是越来越水平，即 $\alpha^m$ 趋向 0° 或 90°，基站侧的两个极化方向上的天线间相关系数增大。假设终端在宏小区的位置服从均匀分布，则 $\phi^b$ 在 $[-\pi/3, \pi/3]$ 内近似均匀分布。而用户手持终端的方式可以有多种，天线朝向各异，如果将 $\phi^m$ 建模在 $[-\pi, \pi]$ 内均匀分布，$\alpha^m$ 在 $[-\pi/2, \pi/2]$ 内均匀分布，考虑 XPD = 6 dB 的情形，则通过系统仿真可以得出交叉极化天线的空间相关度的累积分布函数，如图 3-24 所示。

虽然式（3-21）和式（3-23）的计算比较复杂，但在实际仿真过程中，通常把与空间信道有关的参量和与时域频域有关的参量分为两个阶段分别计算，其中与空间信道有关的计算只有当刷新终端位置时才需要更新，一旦终端的几

何地理位置和大尺度衰落参数确定下来后，空间信道的参量就不再变化，直接放在仿真内存中，这时需要更新的只是随时间变化的多普勒项：$\exp(\mathrm{j}k\|\boldsymbol{v}\|\cos(\theta_{m,n,\mathrm{AOA}}-\theta_v)t)$。

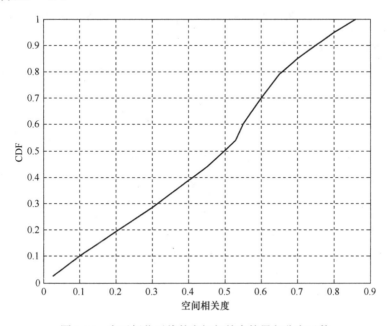

图 3-24　交叉极化天线的空间相关度的累积分布函数

随着 MIMO 技术的发展，特别是 5G 的大规模天线的出现，波束赋形扩展到了三维立体空间，不仅包含传统水平方向上的几何特性，而且包含垂直方向上信道和天线的特性，三维空间信道模型用球面坐标系表示比较方便，如图 3-25 所示。

具体地讲，二维空间信道的式（3-23）推广为

$$h_{u,s,n}(t)=\sqrt{\frac{P_n\sigma_{\mathrm{SF}}}{M}}\sum_{m=1}^{M}\left(\begin{bmatrix}\chi_{s,\mathrm{BS}}^{(\mathrm{V})}\left(\boldsymbol{k}_{m,n}^{\mathrm{BS}}\right)\\\chi_{s,\mathrm{BS}}^{(\mathrm{H})}\left(\boldsymbol{k}_{m,n}^{\mathrm{BS}}\right)\end{bmatrix}\begin{bmatrix}\mathrm{e}^{\mathrm{j}\varPhi_{m,n}^{(\mathrm{V,V})}}&\sqrt{r_{n1}}\,\mathrm{e}^{\mathrm{j}\varPhi_{m,n}^{(\mathrm{V,H})}}\\\sqrt{r_{n2}}\,\mathrm{e}^{\mathrm{j}\varPhi_{m,n}^{(\mathrm{H,V})}}&\mathrm{e}^{\mathrm{j}\varPhi_{m,n}^{(\mathrm{H,H})}}\end{bmatrix}\begin{bmatrix}\chi_{u,\mathrm{MS}}^{(\mathrm{V})}\left(\boldsymbol{k}_{m,n}^{\mathrm{MS}}\right)\\\chi_{u,\mathrm{MS}}^{(\mathrm{H})}\left(\boldsymbol{k}_{m,n}^{\mathrm{MS}}\right)\end{bmatrix}\times\right.$$
$$\left.\exp\left(\mathrm{j}\boldsymbol{k}_{m,n}^{\mathrm{BS}}\circ\boldsymbol{r}_s^{\mathrm{BS}}\right)\exp\left(\mathrm{j}\boldsymbol{k}_{m,n}^{\mathrm{MS}}\circ\boldsymbol{r}_u^{\mathrm{MS}}\right)\exp\left(\mathrm{j}\boldsymbol{k}_{m,n}^{\mathrm{MS}}\circ\boldsymbol{v}t\right)\right) \tag{3-27}$$

式中的波向量定义为

$$k = \frac{2\pi}{\lambda} \begin{bmatrix} \sin\theta\cos\varphi \\ \sin\theta\sin\varphi \\ \cos\theta \end{bmatrix} \tag{3-28}$$

向量 $r_s^{BS}$ 和 $r_u^{MS}$ 是天线单元在三维球面坐标系中的方向和相对位置。运算符号"。"代表两个向量的内积。

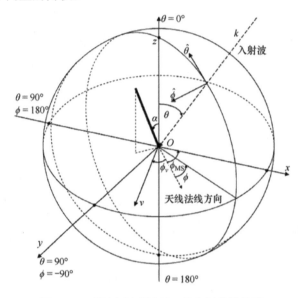

图 3-25　球面坐标系用于三维空间信道模型

### 3.3.2　有源天线模型

天线本身是无源器件，但天线与其相连的射频单元构成有源天线单元，可以更灵活地支持更多的天线端口，大大推动了 5G 大规模天线（Massive MIMO）的标准化和实际部署。基站或者终端的天线配置可以建模为均匀平面天线阵列，双极化天线面板组模型如图 3-26 所示，包括 $M_g N_g$[①]个面板，即 $M_g$ 列 $N_g$ 行的面板，其中，天线面板在水平和垂直方向分别以 $d_{g,H}$ 和 $d_{g,V}$ 的间距均匀分布，每个面板包括 $M$ 行 $N$ 列的天线振子，天线振子在水平和垂直方向分别以 $d_H$ 和 $d_V$ 的间距均匀分布，并且天线在 $xy$ 平面上，可以是双极化的（$P = 2$）或者单极化的（$P = 1$）。这个天线配置可以表示为（$M_g, N_g, M, N, P$）。

---

① 下标 g 代表组（Group）。

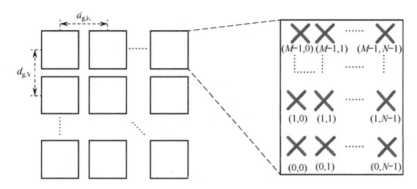

图 3-26　双极化天线面板组模型

　　每个天线振子都有一个功率辐射图，辐射图以及每个振子的最大方向增益与天线单元的制作工艺和尺寸有关。在 3GPP 的信道建模中，通常简化成抛物线的形式，宏站天线振子的二维辐射图如图 3-27 所示，主要参数配置如表 3-1 所示。

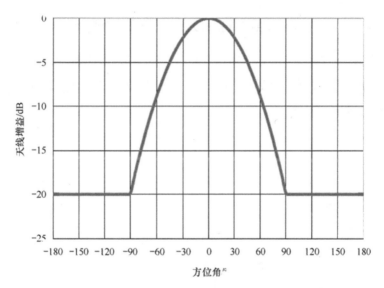

图 3-27　宏站天线振子的二维辐射图

表 3-1　主要参数配置

| 参　　数 | 取　　值 |
| --- | --- |
| 功率辐射图样的垂直截面/dB | $A''_{\mathrm{dB}}(\theta'', \varphi''=0°) = -\min\left\{12\left(\dfrac{\theta''-90°}{\theta_{3\mathrm{dB}}}\right)^2, \mathrm{SLA_V}\right\}$ <br> 其中，$\theta_{3\mathrm{dB}}=65°$，$\mathrm{SLA_V}=30\mathrm{dB}$ 且 $\theta'' \in [0°, 180°]$ |

续表

| 参　数 | 取　值 |
|---|---|
| 功率辐射图样的水平截面/dB | $A''_{dB}(\theta''=90°,\varphi'')=-\min\left\{12\left(\dfrac{\varphi''}{\varphi_{3dB}}\right)^2,A_{max}\right\}$ <br> 其中，$\varphi_{3dB}=65°$，$A_{max}=30dB$ 且 $\varphi''\in[-180°,180°]$ |
| 3D 功率辐射图样/dB | $A''_{dB}(\theta'',\varphi'')=-\min\{-(A''_{dB}(\theta'',\varphi''=0°)+A''_{dB}(\theta''=90°,\varphi'')),A_{max}\}$ |
| 天线振子的最大方向增益 $G_{E,max}$ | 8 dBi |

注：这里的 $\varphi''$ 和 $\theta''$ 分别为传播信号在本地坐标系下的水平方位角和垂直方位角。$G_E$ 中的 E 表示天线单元。

在一个面板上有很多个振子，但一般来说，为获得更大的增益以及降低成本，天线发送接收单元（Transmit Receive Unit, TXRU）的个数比振子数目少，即会有多个振子映射到一个 TXRU，尤其在高频部署时。简单地讲，均匀线性天线阵列是以固定的模拟移相操作的，即第 $m$ 个振子乘以一个复权值：

$$w_m=\frac{1}{\sqrt{M}}\exp\left(-j\frac{2\pi}{\lambda}(m-1)d_V\cos\theta_{eTilt}\right) \tag{3-29}$$

式中，$m=1,\cdots,M$；$\theta_{eTilt}$ 是垂直指向角（下倾角），取值范围为 $0°\sim180°$；$\lambda$ 为波长；$d_V$ 为垂直振子间距离。图 3-28 所示为 $M=8$，$\theta_{eTilt}$ 是 96° 和 102° 的权值对应的阵列增益图。

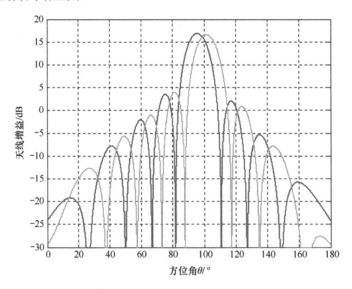

图 3-28　阵列增益图

对于均匀平面天线阵列，用 $K$ 行 $L$ 列个天线振子虚拟到一个 TXRU，其第 $m$ 行 $n$ 个列天线振子的权值可以用两个向量的 Kronecker 积（张量积）表示：

$$w_{io} = (v_i \otimes w_o) \tag{3-30}$$

式中，$\otimes$ 为 Kronecker 积符号，$w_{io}$（$o = 1, \cdots, M_{\text{TXRU}}$）为

$$w_{k,o} = \frac{1}{\sqrt{K}} \exp\left( -j\frac{2\pi}{\lambda}(k-1)d_{\text{V}}\cos\theta_{\text{eTilt},o} \right), \quad k = 1, \cdots, K \tag{3-31}$$

$v_i$（$i = 1, \cdots, N_{\text{TXRU}}$）为

$$v_{l,i} = \frac{1}{\sqrt{L}} \exp\left( -j\frac{2\pi}{\lambda}(l-1)d_{\text{H}}\sin\theta_i \right), \quad l = 1, \cdots, L \tag{3-32}$$

$w_o$ 的长度为 $K = M/M_{\text{TXRU}}$，$v_i$ 的长度为 $L = N/N_{\text{TXRU}}$。三维空间的波束仿真图如图 3-29 所示。

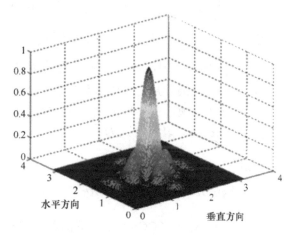

图 3-29　三维空间的波束仿真图

　　双极化天线的模型比较复杂，主要体现在各种角度之间的转换关系，以及物理下倾角的影响，尤其是本地坐标系（天线阵列）与全局坐标系（系统）之间的换算。下面结合 3D 空间信道模型，对双极化天线以及信道模型进行系统描述。需要指出的是，表 3-1 中仅给出了基于本地球面坐标系下的某一个极化方向上的天线振子功率辐射图样参数，而双极化天线的水平方向和垂直方向的辐射域与功率图样的关系为[8]

$$A''(\theta'',\varphi'') = |F''_{\theta'}(\theta'',\varphi'')|^2 + |F''_{\varphi'}(\theta'',\varphi'')|^2 \tag{3-33}$$

天线振子域成分在水平角和垂直角下的取值为

$$\begin{bmatrix} F_{\theta'}(\theta',\varphi') \\ F_{\varphi'}(\theta',\varphi') \end{bmatrix} = \begin{bmatrix} +\cos\Phi & -\sin\Phi \\ +\sin\Phi & +\cos\Phi \end{bmatrix} \begin{bmatrix} F_{\theta'}(\theta'',\varphi'') \\ F_{\varphi'}(\theta'',\varphi'') \end{bmatrix} \tag{3-34}$$

这里，

$$\cos\Phi = \frac{\cos\zeta\sin\theta' + \sin\zeta\sin\varphi'\cos\theta'}{\sqrt{1-(\cos\zeta\cos\theta' - \sin\zeta\sin\varphi'\sin\theta')^2}}$$

$$\sin\Phi = \frac{\sin\zeta\cos\varphi'}{\sqrt{1-(\cos\zeta\cos\theta' - \sin\zeta\sin\varphi'\sin\theta')^2}} \tag{3-35}$$

式中，$\zeta$ 是极化方向倾斜角，取值为 0 时是垂直极化；$\theta'$ 和 $\varphi'$ 为本地坐标的垂直角和水平角，垂直角和水平角的域成分 $F_{\theta'}(\theta',\varphi')$、$F_{\varphi'}(\theta',\varphi')$，而 $F_{\theta'}(\theta'',\varphi'')$ 和 $F_{\varphi'}(\theta'',\varphi'')$ 为定义于本地坐标系的天线振子域成分。其中，$F_{\theta'}(\theta',\varphi')$ 和 $F_{\varphi'}(\theta',\varphi')$ 与极化角有关，而 $F''_{\theta'}(\theta'',\varphi'') = \sqrt{A''(\theta'',\varphi'')}$ 和 $F_{\varphi'}(\theta'',\varphi'')$ 与极化角无关。

这里所讲的天线域成分 $F_{\theta'}(\theta',\varphi')$ 和 $F_{\varphi'}(\theta',\varphi')$ 都是基于每个基站/终端的本地坐标计算的，而由于扇区化等原因，每个基站/终端的本地坐标系有可能是不一样的，信道模型产生的各类离开角、到达角都是基于全局坐标系定义的。所以，还需要将本地坐标系下计算的天线振子域成分转换成全局坐标系下的天线振子域成分 $F_\theta(\theta,\varphi)$ 和 $F_\varphi(\theta,\varphi)$，转换公式为

$$\begin{bmatrix} F_\theta(\theta,\varphi) \\ F_\varphi(\theta,\varphi) \end{bmatrix} = \begin{bmatrix} \hat{\boldsymbol{\theta}}(\theta,\varphi)^{\mathrm{T}} \boldsymbol{R}\hat{\boldsymbol{\theta}}'(\theta',\varphi') & \hat{\boldsymbol{\theta}}(\theta,\varphi)^{\mathrm{T}} \boldsymbol{R}\hat{\boldsymbol{\varphi}}'(\theta',\varphi') \\ \hat{\boldsymbol{\varphi}}(\theta,\varphi)^{\mathrm{T}} \boldsymbol{R}\hat{\boldsymbol{\theta}}'(\theta',\varphi') & \hat{\boldsymbol{\varphi}}(\theta,\varphi)^{\mathrm{T}} \boldsymbol{R}\hat{\boldsymbol{\varphi}}'(\theta',\varphi') \end{bmatrix} \begin{bmatrix} F'_\theta(\theta',\varphi') \\ F'_\varphi(\theta',\varphi') \end{bmatrix} \tag{3-36}$$

式中，$\hat{\boldsymbol{\theta}}$ 和 $\hat{\boldsymbol{\varphi}}$ 分别表示全局坐标系（GCS）下的球面单位向量；$\hat{\boldsymbol{\theta}}'$ 和 $\hat{\boldsymbol{\varphi}}'$ 分别表示本地坐标系（LCS）下的球面单位向量，如图 3-30 所示。

$\boldsymbol{R}$ 是本地坐标系到全局坐标系的转换矩阵，表达式为

$$\boldsymbol{R} = \boldsymbol{R}_z(\alpha)\boldsymbol{R}_y(\beta)\boldsymbol{R}_x(\gamma) = \begin{bmatrix} \cos\alpha & -\sin\alpha & 0 \\ \sin\alpha & \cos\alpha & 0 \\ 0 & 0 & 1 \end{bmatrix} \begin{bmatrix} \cos\beta & 0 & \sin\beta \\ 0 & 1 & 0 \\ -\sin\beta & 0 & \cos\beta \end{bmatrix} \begin{bmatrix} 1 & 0 & 0 \\ 0 & \cos\gamma & -\sin\gamma \\ 0 & \sin\gamma & \cos\gamma \end{bmatrix}$$

$$\tag{3-37}$$

式中，角度 $\alpha$、$\beta$、$\gamma$ 分别表示本地坐标系到全局坐标系旋转的方位角（$z$ 轴不变，旋转 $x$-$y$ 轴），下倾角（$y$ 轴变，旋转 $x$ 轴和 $z$ 轴）和倾斜角（$x$ 轴不变，旋转 $y$ 轴和 $z$ 轴），如图 3-31 所示，生成 $(\dot{x}, \dot{y}, \dot{z})$、$(\ddot{x}, \ddot{y}, \ddot{z})$ 和 $(\dddot{x}, \dddot{y}, \dddot{z})$ 等坐标系。

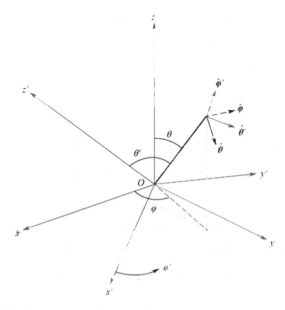

图 3-30　全局坐标系（GCS）和本地坐标系（LCS）的球面坐标和单位向量及其关系

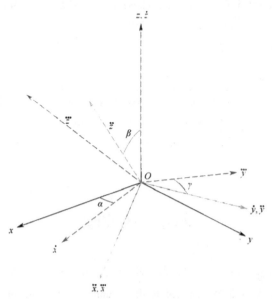

图 3-31　本地坐标系（LCS）经过一系列的旋转 $\alpha$、$\beta$、$\gamma$ 到全局坐标系（GCS）

参考图 3-30，$\psi = \arg(\hat{\boldsymbol{\theta}}(\theta,\varphi)^{\mathrm{T}} \boldsymbol{R} \hat{\boldsymbol{\theta}}'(\theta',\varphi') + \mathrm{j}\hat{\boldsymbol{\varphi}}(\theta,\varphi)^{\mathrm{T}} \boldsymbol{R} \hat{\boldsymbol{\theta}}'(\theta',\varphi'))$，其中，单位向量可以表示为

$$\hat{\boldsymbol{\theta}} = \begin{bmatrix} \cos\theta\cos\varphi \\ \cos\theta\sin\varphi \\ -\sin\theta \end{bmatrix}, \quad \hat{\boldsymbol{\varphi}} = \begin{bmatrix} -\sin\varphi \\ \cos\varphi \\ 0 \end{bmatrix} \tag{3-38}$$

具体地说，有

$$\begin{bmatrix} \hat{\boldsymbol{\theta}}(\theta,\varphi)^{\mathrm{T}} \boldsymbol{R} \hat{\boldsymbol{\theta}}'(\theta',\varphi') & \hat{\boldsymbol{\theta}}(\theta,\varphi)^{\mathrm{T}} \boldsymbol{R} \hat{\boldsymbol{\varphi}}'(\theta',\varphi') \\ \hat{\boldsymbol{\varphi}}(\theta,\varphi)^{\mathrm{T}} \boldsymbol{R} \hat{\boldsymbol{\theta}}'(\theta',\varphi') & \hat{\boldsymbol{\varphi}}(\theta,\varphi)^{\mathrm{T}} \boldsymbol{R} \hat{\boldsymbol{\varphi}}'(\theta',\varphi') \end{bmatrix} = $$
$$\begin{bmatrix} \cos\psi & \cos(\pi/2+\psi) \\ \cos(\pi/2-\psi) & \cos\psi \end{bmatrix} = \begin{bmatrix} \cos\psi & -\sin\psi \\ \sin\psi & \cos\psi \end{bmatrix} \tag{3-39}$$

从而有

$$\begin{bmatrix} F_\theta(\theta,\varphi) \\ F_\varphi(\theta,\varphi) \end{bmatrix} = \begin{bmatrix} \cos\psi & -\sin\psi \\ \sin\psi & \cos\psi \end{bmatrix} \begin{bmatrix} F'_{\theta'}(\theta',\varphi') \\ F'_{\varphi'}(\theta',\varphi') \end{bmatrix} \tag{3-40}$$

通过对公式 $\psi = \arg(\hat{\boldsymbol{\theta}}(\theta,\varphi)^{\mathrm{T}} \boldsymbol{R} \hat{\boldsymbol{\theta}}'(\theta',\varphi') + \mathrm{j}\hat{\boldsymbol{\varphi}}(\theta,\varphi)^{\mathrm{T}} \boldsymbol{R} \hat{\boldsymbol{\theta}}'(\theta',\varphi'))$ 进行求解，可以得到

$$\psi = \arg((\sin\gamma\cos\theta\sin(\varphi-\alpha) + \cos\gamma(\cos\beta\sin\theta - \sin\beta\cos\theta\cos(\varphi-\alpha))) + \\ \mathrm{j}(\sin\gamma\cos(\varphi-\alpha) + \sin\beta\cos\gamma\sin(\varphi-\alpha))) \tag{3-41}$$

从而 $\cos\psi$ 和 $\sin\psi$ 可以表示为

$$\cos\psi = \frac{\cos\beta\cos\gamma\sin\theta - (\sin\beta\cos\gamma\cos(\varphi-\alpha) - \sin\gamma\sin(\varphi-\alpha))\cos\theta}{\sqrt{1 - (\cos\beta\cos\gamma\cos\theta + (\sin\beta\cos\gamma\cos(\varphi-\alpha) - \sin\gamma\sin(\varphi-\alpha))\sin\theta)^2}}$$
$$\sin\psi = \frac{\sin\beta\cos\gamma\sin(\varphi-\alpha) + \sin\gamma\cos(\varphi-\alpha)}{\sqrt{1 - (\cos\beta\cos\gamma\cos\theta + (\sin\beta\cos\gamma\cos(\varphi-\alpha) - \sin\gamma\sin(\varphi-\alpha))\sin\theta)^2}} \tag{3-42}$$

# 本章参考文献

[1] 袁弋非. LTE/LTE-Advanced 关键技术与系统性能[M]. 北京: 人民邮电出版社，2013.

[2] LOVE D J, HEATH R W. Limited feedback unitary precoding for spatial multiplexing systems[J]. IEEE Transactions on Information Theory, 2005, 51(8): 2967-2976.

[3]　COSTA M. Writing on dirty paper [J]. IEEE Transactions on Information Theory, 1983, 29(3): 439-441. DOI：10.1109/TIT.1983.1056659.

[4]　SADEK M, TARIGHAT A, SAYED A H. A leakage-based precoding scheme for downlink multi-user MIMO channels [J]. IEEE Transactions on Wireless Communications, 2007, 6(5): 1711-1721.

[5]　JINDAL N. MIMO broadcast channels with finite-rate feedback [J]. IEEE Transactions on Information Theory, 2006, 52(11): 5045-5060.

[6]　UNGERBOECK G. Channel coding with multilevel/phase signals [J]. IEEE Transactions on Information Theory, 1982, 28(1): 55-67.

[7]　3GPP.Spatial channel model for Multiple Input Multiple Output (MIMO) simulations: TR 25.996[S]. 2006.

[8]　3GPP TR 38.901. Study on channel model for frequencies from 0.5 to 100 GHz[S]. 2015.

# 第 4 章　智能超表面中继技术

在移动通信领域，智能超材料可以应用在以下三个方面。

（1）基站侧天线的增强：传统基站，特别是毫米波基站采用的是模拟移相器来完成波束赋形的功能，存在功耗大、成本高等问题，无源超材料有望节省功率放大模块的数量，通过调控超材料表面单元的相位/幅度来改变单个馈源天线的相位，从而调整波束角度、辐射图样等，取代模拟移相器，实现低功耗。这种应用通常属于基站产品的实现，对空口标准是透明的。

（2）实现部分基带信号处理的功能，如符号调制等，这也是基站中基带处理的新方法，无须改变协议，对空口透明。

（3）作为中继，它与基站和终端都有一定的距离，其间并非有线连接。因为涉及无线控制以及信道状态信息估计和反馈，所以多数情况下需要空口标准的支持，以发挥其性能潜力。

本章从理论模型/性能和基本技术的角度对智能超表面中继技术进行论述。这里的中继只考虑"两跳"的智能超表面（RIS）中继，即基站到 RIS，以及 RIS 到终端。

## 4.1　智能超表面中继的系统模型与理论性能分析

本节从智能超表面中继的系统模型出发，借助第 3 章中对多天线技术的描述，分析智能超表面中继链路的理论性能，并根据一些常见部署，对该系统模型进行一定的简化，得到更为直观的理论性能表达式。

### 4.1.1 系统模型

随着多天线技术的日益成熟，当今的移动通信系统在基站侧和终端侧大多安装多根天线。正如第 3 章所介绍的，多天线技术可以以波束赋形为主要目的，也可以用于空间复用，或者发射/接收分集。智能超表面是一个拥有大量天线单元的中继节点，只不过这些天线单元多数是无源的，不需要功率放大器的驱动就可以完成信号的转发。图 4-1 是一个通用的智能超表面中继的传输模型[1]。

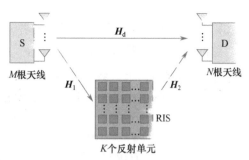

图 4-1 智能超表面（RIS）中继的传输模型

在图 4-1 所示的模型中，S 代表发射侧，其上部署了 $M$ 根天线。D 代表接收侧，其上部署了 $N$ 根天线。RIS 上有 $K$ 个反射单元，写成集合形式 $\mathcal{K} = \{1, 2, \cdots, K\}$。发射侧与接收侧之间还存在一个直连信道，可以用一个 $N$ 行 $M$ 列的空间信道矩阵 $\boldsymbol{H}_d \in \mathbb{C}^{N \times M}$ 来表示。发射侧与 RIS 之间的信道用一个 $K$ 行 $M$ 列的空间信道矩阵 $\boldsymbol{H}_1 \in \mathbb{C}^{K \times M}$ 来表示，RIS 与接收侧之间的信道用一个 $N$ 行 $K$ 列的空间信道矩阵 $\boldsymbol{H}_2 \in \mathbb{C}^{N \times K}$ 来表示。注意这里的空间信道矩阵中的元素取值既包含了信道的大尺度衰落，如路径损耗和阴影衰落，也包括信道的小尺度衰落。此时的无线传播环境并没有限定是以视距（Line Of Sight，LOS）为主，还是以非视距（Non Line Of Sight，NLOS）为主；既可以是远场传播环境，如当整个 RIS 的尺寸较小，发射侧到 RIS 和 RIS 到接收侧都比较远时，也可以是近场传播环境，如当 RIS 的尺寸较小，发射侧到 RIS 和 RIS 到接收侧都比较近时。

图 4-1 中模型的一般性还体现在：发射侧的空间预编码需要与 RIS 天线单

元的相位调控联合设计，这样才能最大化系统的传输速率。5G 系统的基站多天线是标准配置，RIS 中继上又有大量的天线单元，两者必须协同工作，这既是 RIS 中继发挥性能潜力的关键，也是理论研究、方案设计和实际部署的难点。

在 $M$ 根天线上的发射信号可以用一个 $M$ 维的复数向量 $\boldsymbol{x} \in \mathbb{C}^{M \times 1}$ 来表示，每个元素对应一根发射天线。这个向量是通过对 $l$ 层的数据复数向量 $\boldsymbol{s} \in \mathbb{C}^{l \times 1}$ 进行预编码而得到的，即

$$\boldsymbol{x} = \boldsymbol{V}\boldsymbol{s} \tag{4-1}$$

式中，$\boldsymbol{V} \in \mathbb{C}^{M \times l}$ 是预编码矩阵，数据符号复数向量中的各元素之间是统计不相关的，即 $\mathbb{E}\{\boldsymbol{s}\boldsymbol{s}^{\mathrm{H}}\} = \boldsymbol{I}$。总的发射功率需满足条件：$\mathrm{tr}(\boldsymbol{V}\boldsymbol{V}^{\mathrm{H}}) \leqslant P_{\mathrm{S}}$。发射信号分两路到达接收侧，一条是直连链路，另一条经过 RIS 的反射，这两个信号在接收侧线性叠加，在 $N$ 根天线上的接收信号是一个 $N$ 维复数向量 $\boldsymbol{y} \in \mathbb{C}^{N \times 1}$，可以表示为

$$\boldsymbol{y} = (\boldsymbol{H}_{\mathrm{d}} + \boldsymbol{H}_2 \boldsymbol{\Phi} \boldsymbol{H}_1) \boldsymbol{V}\boldsymbol{s} + \boldsymbol{n}_1 \tag{4-2}$$

这里假设噪声为加性高斯白噪声，均值为 0，协方差矩阵为 $\sigma_{\mathrm{D}}^2 \boldsymbol{I}_N$，即 $\boldsymbol{n}_1 \sim \mathcal{CN}(0, \sigma_{\mathrm{D}}^2 \boldsymbol{I}_N)$。白噪声与发送数据信号相互独立。对角矩阵 $\boldsymbol{\Phi} = \mathrm{diag}(\phi_1, \cdots, \phi_K)$ 中的对角线上的元素代表 RIS 各个天线单元上的反射系数。式（4-2）也体现了 RIS 辅助传输潜在的"提秩"效果，由于 RIS 中继与发送侧（如基站）并不共址，RIS 级联链路有可能提供额外的散射体，其中有两种机制：一种是 RIS 到接收侧链路的空间信道矩阵 $\boldsymbol{H}_2$ 存在大量的非视距（NLOS），无论直连链路的空间信道矩阵 $\boldsymbol{H}_{\mathrm{d}}$ 是否有 NLOS，$\boldsymbol{H}_2$ 当中的散射体都会增加信道的复杂度；另一种是当三段链路的空间信道矩阵 $\boldsymbol{H}_{\mathrm{d}}$、$\boldsymbol{H}_1$ 和 $\boldsymbol{H}_2$ 都以视距（LOS）为主时，则可以通过对 RIS 相位编码，引入一定的随机性，达到散射体效果，从而增加复合信道的秩。

考虑线性接收机，经过接收侧的波束赋形，得到待估计的数据复数向量，即

$$\hat{\boldsymbol{s}} = \boldsymbol{U}\boldsymbol{y} \tag{4-3}$$

式中，$\boldsymbol{U}$ 是接收波束赋形矩阵。整个 RIS 中继辅助传输的复合信道为

$$H = H_d + H_2 \boldsymbol{\Phi} H_1 \tag{4-4}$$

根据第 3 章中的闭环预编码的单用户空间复用容量公式，复合信道容量的最大化问题可以表示为：满足一定功率约束条件下的发射侧预编码（矩阵 $V$）与 RIS 单元相位分布（对角矩阵 $\boldsymbol{\Phi}$）的联合优化，以最大化（直连链路+级联链路）的信道容量，即

$$\max_{V,\boldsymbol{\Phi}} \log \det(\boldsymbol{I}_N + HVV^H H^H \boldsymbol{R}_n^{-1}) \tag{4-5}$$

$$\text{s.t. } \operatorname{tr}(VV^H) \leqslant P_S \tag{4-6}$$

$$|\phi_k| \leqslant 1, \forall k \in \mathcal{K} \tag{4-7}$$

式（4-6）体现了发射功率的约束条件；式（4-7）体现了 RIS 天线单元的无源特性，即反射系数的幅度不大于 1。需要指出的是，这个反射系数与天线单元的增益不是完全一样的概念。天线单元本身是无源器件，无论是放在发射侧、RIS 上还是放在接收侧。天线增益是相对于全向天线的增益而言的，它与天线单元的尺寸（或者称为孔径）以及入射/反射的方位角有关，在多数情况下，一个 RIS 天线单元的增益大于 0 dBi。同样的道理，发射侧和接收侧的天线单元增益通常也大于 0 dBi。另外需要注意的是，天线单元的辐射图样和最大方向增益通常很难单独测量的，即使是单独测量，由于单元尺寸小于波长，反映的主要是单个单元的衍射现象，而不是反射/辐射特性。因此，硬件测试中通常先测量整个 RIS 单元阵列的整体辐射方向图和总体增益，然后根据单元数量换算成"等效"的天线单元的辐射图样和增益，而非"实际"的单元辐射图样和增益。在图 4-1 和式（4-4）的模型中，发射侧、RIS 和接收侧的天线单元增益包含在空间信道矩阵 $H_1$、$H_2$ 和 $H_d$ 的元素当中了。

式（4-5）的目标函数中有两个需要联合优化的矩阵：发射侧预编码矩阵 $V$ 和 RIS 的对角矩阵 $\boldsymbol{\Phi}$，在公式中是乘积的关系，所以这个联合优化问题是非凸的，其全局最优点的求解比较困难。

为了进行对比，图 4-2 显示了一个半双工直放站（Half-Duplex Repeater，HDR）的一般模型，HDR 的收发天线数都是 $L$。与图 4-1 中 RIS 中继系统主

要有三个方面的区别。

（1）HDR 是有源器件，具有功率放大的功能。

（2）为了避免收发自干扰，采用半双工模式，即一半的时间资源用于发射侧到 HDR 的链路，另一半时间资源用于 HDR 到接收侧的链路，分为两个时隙传输。

（3）由于 HDR 中没有基带信号处理，它只是把接收到的在系统带宽内的所有信号（包括噪声、干扰等）进行放大。

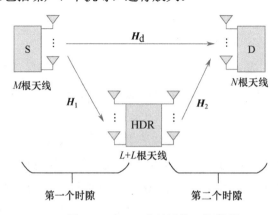

图 4-2　半双工直放站的一般模型

HDR 情形下的复合信道为

$$H = H_d + H_2 G H_1 \tag{4-8}$$

接收侧的信号可以表示为

$$y = (H_d + H_2 G H_1)Vs + H_2 G n_1 + n_2 \tag{4-9}$$

式中，$G \in \mathbb{C}^{L \times L}$ 为 HDR 的预编码矩阵，有 $L$ 行 $L$ 列，每个元素为复数。$n_1$ 和 $n_2$ 分别是 HDR 的接收白噪声和接收侧 D 的白噪声向量，它们的均值都为 0，协方差矩阵分别为 $I_L$ 和 $I_N$。注意这里的 HDR 不仅要放大功率，而且需要进行预编码，即根据 $G$ 的各个元素将 HDR 的各个接收天线上收到的信号加权叠加，然后连接到相应的发射天线上。

HDR/中继复合信道容量的最大化问题可以表示为

$$\max_{V,G} \frac{1}{2} \log \det(I_N + HVV^H H^H R_n^{-1}) \tag{4-10}$$

$$\text{s.t. } \text{tr}(G(H_1 VV^H H_1^H + \sigma_R^2 I_L)G^H) \leqslant 2P_R \tag{4-11}$$

$$\text{tr}(VV^H) \leqslant 2P_S \tag{4-12}$$

式中，$\sigma_R^2$ 表示 HDR 的接收白噪声方差；$P_R$ 表示 HDR 的发射功率。

由于两跳的传输需要两个时隙完成，所以在式（4-10）中需要乘上系数 1/2。式（4-11）和式（4-12）体现了 HDR 和发射侧 S 的发射功率限制，考虑半双工的特性，在前头加上了系数 2。与 RIS 的情形类似，式（4-10）中的联合目标函数是非凸的，全局最优的求解比较困难。

### 4.1.2 理论性能分析

式（4-5）的目标函数虽然是非凸的，但可以转化为凸函数处理。为了实现这个转化，这里引入两个矩阵，第一个是均方差矩阵，第二个是加权矩阵。其中，均方差矩阵 $E$ 反映的是发送信号向量 $s$ 与接收侧估计的发送信号向量 $\hat{s}$ 的方差，即

$$E = \mathbb{E}\{(\hat{s}-s)(\hat{s}-s)^H\} = (U^H HV - I)(U^H HV - I)^H + \sigma_D^2 U^H U \tag{4-13}$$

加权矩阵的表达形式与具体的接收算法有关，但一般来说，$W$ 是厄米特对称矩阵，其特征值都是非负实数。当发射侧预编码矩阵 $V$ 和 RIS 的对角矩阵 $\Phi$ 均已知时，对于最小均方差（Minimum Mean Squared Error，MMSE）接收机，接收侧的波束赋形矩阵可以表示为

$$U_{\text{MMSE}} = (HVV^H H^H + \sigma_D^2 I_M)^{-1} HV \tag{4-14}$$

在这种情况下，最小均方差矩阵则可以表示为

$$E_{\text{MMSE}} = I_l - V^H H^H R_n^{-1}(HVV^H H^H R_n^{-1} + I_M)^{-1} HV \tag{4-15}$$

相应的加权矩阵为

$$W = E_{\text{MMSE}}^{-1} \qquad (4\text{-}16)$$

有了均方差矩阵和加权矩阵，就可以构造出一个加权的均方差最小化问题，即

$$\min_{V, \boldsymbol{\Phi}, U, W} \text{tr}(W E_{\text{MMSE}}) - \log \det(W) \qquad (4\text{-}17)$$

$$\text{s.t. } \text{tr}(VV^{\text{H}}) \leqslant P_{\text{S}} \qquad (4\text{-}18)$$

$$|\phi_k| \leqslant 1, \forall k \in \mathcal{K} \qquad (4\text{-}19)$$

在式（4-17）中，当矩阵 $V$、$\boldsymbol{\Phi}$ 和 $U$ 都确定时，对于加权矩阵 $W$，这个目标函数是凸的。将式（4-16）代入式（4-17）得到

$$\min_{V, \boldsymbol{\Phi}} - \log \det(E_{\text{MMSE}}^{-1}) \Leftrightarrow \max_{V, \boldsymbol{\Phi}} \log \det(E_{\text{MMSE}}^{-1}) \qquad (4\text{-}20)$$

结合两个矩阵恒等式

$$I - B(AB + I)^{-1} A = (I + BA)^{-1} \qquad (4\text{-}21)$$

$$\det(I + AB) = \det(I + BA) \qquad (4\text{-}22)$$

对比式（4-15）中 $E_{\text{MMSE}}$ 的表达式，可以得到

$$\log \det(E_{\text{MMSE}}^{-1}) = \log \det(I + V^{\text{H}} H^{\text{H}} R_n^{-1} H V) = \log \det(I + H V V^{\text{H}} H^{\text{H}} R_n^{-1})$$

$$(4\text{-}23)$$

对比式（4-5）、式（4-17）和式（4-23）可以发现，当采用 MMSE 接收机时，加权的均方差最小化问题与 RIS 复合信道的链路容量最大化问题是完全等价的。式（4-5）中容量最大化的非凸优化问题转化为式（4-17）中的均方差最小化的凸优化问题，但这样处理的代价是需要反复迭代，因为以上的问题转化都基于其他矩阵（如 $V$、$\boldsymbol{\Phi}$ 和 $U$）为已知条件。

当矩阵 $\boldsymbol{\Phi}$、$U$ 和 $W$ 都已知时，通过代入式（4-15）并考虑 $\log \det(W)$ 是一个常量，式（4-17）中的目标函数可以改写成

$$\min_V \text{tr}(V^{\text{H}} H^{\text{H}} U W U^{\text{H}} H V) - \text{tr}(W U^{\text{H}} H V) - \text{tr}(W V^{\text{H}} H^{\text{H}} U) \qquad (4\text{-}24)$$

$$\text{s.t. tr}(VV^{\text{H}}) \leqslant P_{\text{S}} \tag{4-25}$$

可以看出这个优化问题也是凸的。

当矩阵 $U$、$W$ 和 $V$ 都已知时，式（4-17）中的目标函数可以改写为

$$
\begin{aligned}
f(\boldsymbol{\Phi}) &= \text{tr}\{W(U^{\text{H}}H_{\text{d}}VV^{\text{H}}H_1^{\text{H}}\boldsymbol{\Phi}^{\text{H}}H_2^{\text{H}}U + U^{\text{H}}H_2\boldsymbol{\Phi}H_1VV^{\text{H}}H_{\text{d}}^{\text{H}}U + U^{\text{H}}H_2\boldsymbol{\Phi}H_1VV^{\text{H}} \times \\
&\quad H_1^{\text{H}}\boldsymbol{\Phi}^{\text{H}}H_2^{\text{H}}U) - W(V^{\text{H}}H_1^{\text{H}}\boldsymbol{\Phi}^{\text{H}}H_2^{\text{H}}U + U^{\text{H}}H_2\boldsymbol{\Phi}H_1V)\} \\
&= \text{tr}\{\boldsymbol{\Phi}H_1VV^{\text{H}}H_1^{\text{H}}\boldsymbol{\Phi}^{\text{H}}H_2^{\text{H}}UWU^{\text{H}}H_2 + \boldsymbol{\Phi}H_1VV^{\text{H}}H_{\text{d}}^{\text{H}}UWU^{\text{H}}H_2 + H_2^{\text{H}}UWU^{\text{H}} \times \\
&\quad H_{\text{d}}VV^{\text{H}}H_1^{\text{H}}\boldsymbol{\Phi}^{\text{H}} - H_2^{\text{H}}UWV^{\text{H}}H_1^{\text{H}}\boldsymbol{\Phi}^{\text{H}} - \boldsymbol{\Phi}H_1VWU^{\text{H}}H_2\}
\end{aligned}
$$

$$\tag{4-26}$$

注意，式（4-26）中的最后 4 项是共轭对称的，即彼此共轭的复数之和是实部的翻倍。用 $a = \text{diag}(A)$ 表示提取对角矩阵 $A$ 中的对角线元素，则

$$\text{tr}(A^{\text{H}}BAC) = a^{\text{H}}(C \odot B^{\text{T}})a \tag{4-27}$$

式中，符号 $\odot$ 代表哈达玛（Hadamard）积。把式（4-27）代入式（4-26），则式（4-17）中的目标函数变为

$$
\begin{aligned}
&\min_{\boldsymbol{\phi}} \boldsymbol{\phi}^{\text{H}}\boldsymbol{\Xi}\boldsymbol{\phi} + 2\text{Re}\{\boldsymbol{\phi}^{\text{H}}\boldsymbol{\theta}^{*}\} \\
&\text{s.t.}|\phi_k| \leqslant 1, \forall k \in \mathcal{K}
\end{aligned}
\tag{4-28}
$$

式（4-28）中的符号 $\text{Re}\{\cdot\}$ 是指取实数部分，其中：

$$\boldsymbol{\Xi} = (H_2^{\text{H}}UWU^{\text{H}}H_2) \odot (H_1VV^{\text{H}}H_1^{\text{H}})^{\text{T}} \tag{4-30}$$

$$\boldsymbol{\Theta} = H_1V(V^{\text{H}}H_{\text{d}}^{\text{H}}U - I_l)WU^{\text{H}}H_2 \tag{4-31}$$

$$\boldsymbol{\theta} = \text{diag}(\boldsymbol{\Theta}) \tag{4-32}$$

同样，式（4-28）中的目标函数求解是一个凸优化问题。到此为止，4 个矩阵 $V$、$\boldsymbol{\Phi}$、$U$ 和 $W$ 都依次进行了一轮更新。这个迭代过程可以继续，一直到式（4-26）的更新变化小于某一个事先给定的阈值时才停止。这种将非凸优化问题转化为迭代凸优化问题的方法（其流程见图 4-3），同样适用于 HDR 的情形。

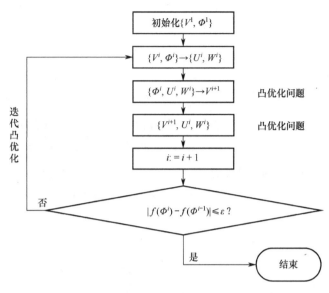

图 4-3　RIS 复合信道容量最大化的非凸优化问题转化为迭代凸优化问题的流程

下面我们看一个简单的例子，对比无源智能超表面（RIS）和 HDR 的理论链路容量。考虑图 4-4 中的设置，发射侧点 $S$ 位于平面直角坐标系的原点，接收侧点 $D$ 位于 $X$ 轴上，与 $S$ 的距离用 $d_{SD}$ 表示，取值为 100 m。RIS/HDR 与 $S$ 的水平距离用 $d_1$ 表示，垂直距离用 $d_r$ 表示，取值范围分别为[0,100] m 和[10,15] m。发射侧的天线数 $M = 4$，接收侧的天线数 $N = 4$，RIS 的天线单元数 $K$ 可以从10 个一直到 500 个，HDR 上的收发天线数各为 $L = 4$。大尺度路径损耗模型是采用的 3GPP 中的城市微小区（Urban Micro，UMi）模型，假设载频为 3 GHz，系统带宽为 100 MHz。发射侧到接收侧的直连链路用空间信道矩阵 $H_d$ 来表示，发射侧到 RIS 的空间信道矩阵为 $H_1$，RIS 到接收侧的空间信道矩阵为 $H_2$，这三个

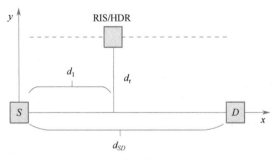

图 4-4　RIS/HDR 链路的示意图

信道矩阵中的各个元素都假设是彼此不相关的，幅度符合瑞利分布，相位在[0,2π]上均匀分布。这些假设反映的是每条支路的传播环境都是 NLOS 径，具有富散射的传播场景。另外，无论是发射侧、接收侧，还是 RIS 面板，每个

天线单元的增益均为 5 dBi。发射侧的功率 $P_S$ 和 HDR 的功率 $P_R$ 可以取 40 dBm、43 dBm 和 46 dBm。容量的计算采用香农经典公式 $C=W \log(1+\gamma)$，其中 $W$ 是传输带宽，$\gamma$ 是信噪比。

当 RIS 距离点 $S$ 的水平距离为 50 m，垂直距离为 10 m 时，随着 RIS 上的天线发射单元数从 10 个增长到 500 个，复合信道的可达速率逐步增加，如图 4-5 所示。增加趋势的快慢取决于发射侧的功率。当发射侧功率较高时，如 46 dBm，RIS 天线发射单元数超过 100 后，可达速率趋于饱和；当发射侧功率较低时，如 40 dBm，可达速率一直提升，到 RIS 天线发射单元数达到 500 时还未看到饱和情形。其主要的原因可以解释为：发射侧的功率较高时，复合信道中存在的 MIMO 层间干扰问题（$M = N = 4$）成为瓶颈，无法通过进一步增大 RIS 天线发射单元数（也就是总的接收孔径）来提高可达速率；但当发射侧的功率较低时，复合信道仍是功率受限的系统，RIS 天线发射单元数的增加可以有效提高信噪比（SNR），从而提高可达速率。

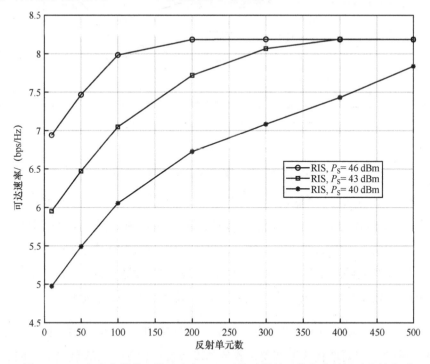

图 4-5　RIS 复合信道的可达速率与 RIS 天线反射单元数和发射侧功率的关系

利用同样的交替迭代算法，对 HDR 复合信道的可达速率进行分析，并且与 RIS 复合信道的可达速率进行比较，如图 4-6 所示。可以看出，当 RIS 与发射侧的垂直距离较小（如 10 m）时，可达速率与 RIS 的水平位置关系更为明显，即：RIS 离收发两侧距离较近时，可达速率最高；在与收发两侧等距时，可达速率最低。HDR 复合信道的可达速率与 HDR 的位置没有很强联系。

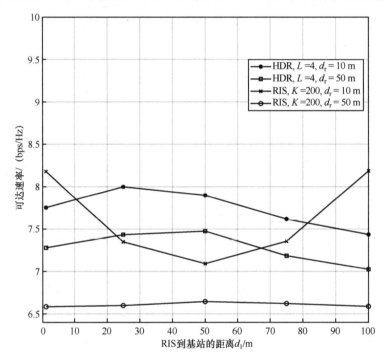

图 4-6　RIS 复合信道与 HDR 复合信道的可达速率比较

交替迭代算法的收敛情况如图 4-7 所示，可以发现，RIS 复合信道的迭代次数在 4 次和 60 次之间存在一段相对平坦的区域。超过 90 次之后，残差降到 $10^{-4}$ 以下。相比之下，HDR 复合信道的迭代收敛较快，超过 10 次之后，残差基本低于 $10^{-3}$。迭代收敛速度的差别可能是由于 HDR 的天线数目较少（$L = 4$），需要更新的变量较少，如 HDR 的预编码矩阵 $G$ 中只有 $L×L = 16$ 个元素。

相比之下，RIS 的天线单元有 200 个，是 HDR 的 12.5 倍（200÷16＝ 12.5），有大量的变量需要迭代式地调整，收敛速度较慢；但是一旦收敛之后，RIS 复合信道的残差则更低。

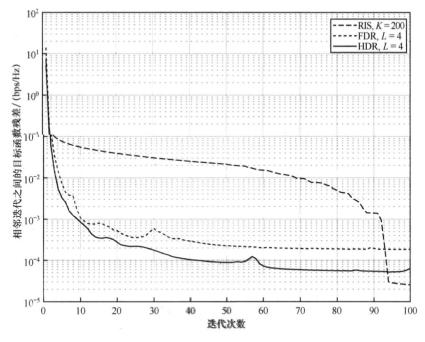

图 4-7　交替迭代算法的收敛情况

## 4.1.3　简化模型与性能分析

### 1. 矩阵退化形式

从 4.1.2 节中的分析可以看出，对于一般性的信道模型和参数设置，容量的表达式十分繁杂，分析起来也很困难，发端预编码与 RIS 相位的联合求解多数没有解析解，往往需要迭代类型的算法，把相对复杂的非凸优化问题分解成为凸优化问题。即使如此，算法的收敛性也不一定能完全保证，或者说收敛速度很慢。

RIS 的初期部署很可能只是聚焦于某些场景，信道模型也许相对简单，这样也有利于简化系统模型，抽取最为主要的特征。图 4-8 所示是一个简化的 RIS 中继链路模型，与图 4-1 相比，这里的模型没有考虑发射侧（基站 BS）到接收侧（终端 UE）的直连链路。

在这个简化模型中，终端接收到的信号可以表示为

$$y = H_2 \boldsymbol{\Phi} H_1 Fs + n \qquad (4\text{-}33)$$

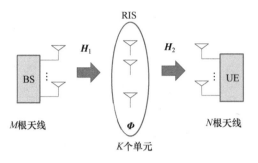

图 4-8　简化的 RIS 中继链路模型

式（4-33）中的变量符号基本沿用式（4-2），只是这里用 $F$ 表示基站侧的预编码矩阵。对式（4-33）中的空间信道矩阵 $H_1$ 和 $H_2$ 分别进行奇异值分解（Singular Value Decomposition，SVD）得到

$$y = U_2 \Lambda_2 V_2^{\mathrm{H}} \boldsymbol{\Phi} U_1 \Lambda_1 V_1^{\mathrm{H}} Fs + n \qquad (4\text{-}34)$$

假设 $H_1$ 和 $H_2$ 各自的特征值差别不大，空间信道基本上由模值归一化的特征向量决定，则预编码矩阵可以设为 $F = V$。接收侧假设采用迫零方式，得到

$$y_{\mathrm{eq}} = U_2^{\mathrm{H}} y \propto V_2^{\mathrm{H}} \boldsymbol{\Phi} U_1 s = V_2^{\mathrm{H}} \boldsymbol{\Phi}_2 \boldsymbol{\Phi}_1 U_1 s \qquad (4\text{-}35)$$

从式（4-35）中可以看出，通过在基站发射侧的预编码和终端接收侧的迫零式的信道匹配，整个 RIS 级联信道简化为 4 部分处理：

（1）基站-RIS 信道经过 SVD 后的左奇异矩阵 $U_1$；

（2）RIS 面板的接收对角矩阵 $\boldsymbol{\Phi}_1$；

（3）RIS 面板的发射对角矩阵 $\boldsymbol{\Phi}_2$；

（4）RIS-终端信道经过 SVD 后的右奇异矩阵 $V_2^{\mathrm{H}}$。

如果基站-RIS 信道和 RIS-终端信道以 LOS 为主，$\mathrm{rank}(H_1) = \mathrm{rank}(H_2) = 1$，链路只支持单层 MIMO 传输，左奇异矩阵 $U_1$ 就退化为一个奇异向量，代表着 RIS 接收天线阵列的方向，此时 RIS 面板的接收对角矩阵 $\boldsymbol{\Phi}_1$ 上的元素应该与之匹配。同理，右奇异矩阵 $V_2^{\mathrm{H}}$ 退化成为一个奇异向量，RIS 面板的发射对角矩阵 $\boldsymbol{\varPhi}_2$ 上的元素应该与之匹配。在远场平面波的假设下，信道的特征完全可以由空间方向来表征，$\boldsymbol{H}_1$ 的左奇异向量和 $\boldsymbol{H}_2$ 的右奇异向量的每个元素都是恒模的，其差别只是体现在相位上。此时，RIS 面板上所有天线单元的反射系数在幅度上可以是相同的，如都等于 1，每个单元只做调相，就可以匹配 $\boldsymbol{H}_1$ 的左奇异向量和 $\boldsymbol{H}_2$ 的右奇异向量。在这种情况下，基站的预编码矩阵 $\boldsymbol{F}$ 退化成为 $\boldsymbol{V}_1$ 的第一列向量，它的计算与 RIS 对角矩阵的计算是单独进行的，无须联合优化。

但是，如果基站-RIS 信道或 RIS-终端信道有大量的 NLOS 径，rank($\boldsymbol{H}_1$) > 1，或 rank($\boldsymbol{H}_2$) > 1，链路支持多层 MIMO 传输，左奇异矩阵 $\boldsymbol{U}_1$ 或者右奇异矩阵 $\boldsymbol{V}_2^{\mathrm{H}}$ 存在多个彼此正交的奇异向量，则接收对角矩阵 $\boldsymbol{\varPhi}_1$ 和发射对角矩阵 $\boldsymbol{\varPhi}_2$ 上元素的优化就不是简单的向量匹配问题，而是需要在多个奇异向量（多个 MIMO 传输层）之间平衡，变得更为复杂。

从上面的分析中还可以发现，当基站-RIS 信道以 LOS 径为主时，这一段链路只能承载单层的 MIMO 传输，在这种情况下，即使 RIS-终端信道有很强的 NLOS 径，整个 RIS 级联链路也只能支持单层 MIMO 传输。同样，RIS 也无法同时服务多个不同用户的单播业务，即所谓的多用户空间复用，尽管它们的方位角可以区分开来。

当基站-RIS 链路的传播环境主要是 LOS 径时，对于基站波束赋形设计，仅需利用低秩等效信道的信道状态信息（Channel State Information，CSI）进行优化设计。该 CSI 属于大尺度信道衰落相关的信息，变化较慢。而 RIS 的反射系数（对角矩阵 $\boldsymbol{\varPhi}$）是与基站-RIS 信道 $\boldsymbol{H}_1$ 和 RIS-终端信道 $\boldsymbol{H}_2$ 相互耦合的，通常需要高秩信道的 CSI 优化设计。这类 CSI 属于小尺度信道衰落（散射体）的信息，其变化速度与多普勒速度有关，一般要快于大尺度衰落的变化。因此，可以基于双时间尺度来分别优化信道估计和反馈的参数[2-3]。具体地讲，基站波束赋形矩阵在每个信道大尺度变化周期 $T_{\mathrm{S}}$ 内利用实时低秩等效 CSI 进行更新，脚标"S"强调的是统计性（Statistical）的信道信息；RIS 反射系数矩阵在每个信道多普勒相干时间 $T_{\mathrm{C}}$ 内进行小尺度信道相关的更新，脚标"C"强调的是相干时间内的信道信息。双时间尺度的 RIS 信道估计与反馈的帧结构如图 4-9 所示。双时间尺度优化的思路不仅降低了 RIS 的信道估计开销，也降低了 RIS 调控所需的控制信令开销。

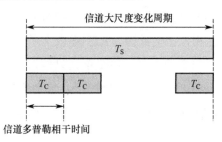

图 4-9　双时间尺度的 RIS 信道估计与反馈的帧结构

### 2．路径损耗形式

以上的简化模型是从空间信道矩阵的秩的角度（信道是否具有稀疏性）来讨论低秩情形下 RIS 级联信道退化形式的。其实，基站-RIS 信道和 RIS-终端信道都是以 LOS 径为主的情形，可以采用更简单的分析方法来估算 RIS 的大体性能，主要体现在 RIS 级联链路的路径损耗大小上。这种路径损耗模型还显性化地包括了 RIS 天线单元的增益特性[4]。图 4-10 所示为 RIS 天线单元的几何关系，整个 RIS 面板有 $N$ 个天线单元，阴影部分的天线单元是第 $n$ 个单元，它与发射侧（用"T"表示）和接收侧（用"R"表示）的距离分别为 $r_{i,n}$ 和 $r_{s,n}$，与发射侧和接收侧的方向向量分别为 $\hat{r}_n^i$ 和 $\hat{r}_n^s$。

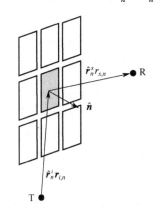

图 4-10　RIS 天线单元的几何关系

根据电磁波在自由空间传播损耗的弗里斯（Friis）公式，第 $n$ 个单元上收到的信号功率可以表示为

$$P_n^i = P_T G_T(\hat{r}_n^i) G_e(-\hat{r}_n^i) \left( \frac{\lambda}{4\pi r_{i,n}} \right)^2 \tag{4-36}$$

式中，$P_T$ 是发射侧的天线系统的总发射功率；$G_T(\hat{r}_n^i)$ 是发射天线系统在方向 $\hat{r}_n^i$ 上的增益；$G_e(-\hat{r}_n^i)$ 是 RIS 天线单元在方向 $-\hat{r}_n^i$ 上的增益；$\lambda$ 是波长。将发射侧到 RIS 的第 $n$ 个单元和从 RIS 的第 $n$ 个单元到接收侧的链路级联，接收侧收到的信号功率可以表示为

$$P_{R,n} = P_T G_T(\hat{r}_n^i) G_R(-\hat{r}_n^s) \left( \frac{\lambda}{4\pi} \right)^4 \frac{G_e(-\hat{r}_n^i) G_e(\hat{r}_n^s)}{r_{i,n}^2 r_{s,n}^2} \tag{4-37}$$

式中，$G_R(-\hat{r}_n^s)$ 是接收侧天线系统朝向 RIS 的第 $n$ 个单元的增益。$N$ 个单元反射的信号在接收侧相干叠加，总的信号可以表示为

$$y = \sum_n^N b_n \sqrt{P_{R,n}} \, e^{j\phi_n} \tag{4-38}$$

式中，

$$\phi_n = 2\pi \frac{r_{i,n} + r_{s,n}}{\lambda} \tag{4-39}$$

是第 $n$ 个单元的传播时延，$b_n$ 是第 $n$ 个单元上的幅度和相位控制。整个接收侧的接收功率为

$$P_R = \left| \sum_{n=1}^N b_n \sqrt{P_{R,n}} \, e^{j\phi_n} \right| \tag{4-40}$$

所以，在自由空间传播的环境下，RIS 级联信道的路径损耗公式可以写为

$$L_{RIS}^{-1} = \left( \frac{\lambda}{4\pi} \right)^4 \left| \sum_{n=1}^N b_n \sqrt{\frac{G_e(-\hat{r}_n^i) G_e(\hat{r}_n^s)}{r_{i,n}^2 r_{s,n}^2}} \, e^{j\phi_n} \right|^2 \tag{4-41}$$

在远场情形下，式（4-41）求和中的 RIS 天线单元增益和 RIS 与收发两侧的距离与 $n$ 无关，可以作为公共项提到的求和运算，求和只需计算 $\left| \sum_{n=1}^N b_n e^{j\phi_n} \right|^2$。显

然，如果 $b_n$ 的相位与式（4-39）中的 $\phi_n$ 匹配，则 RIS 的天线单元数 $N$ 越大，相干叠加的增益就越大，能够在很大程度上补偿传输距离造成的路径损耗。

## 4.2 波束赋形技术

### 4.2.1 基于波束反馈

从 4.1.1 节中的描述可以看出，一般模型要求网络侧知道每一段信道的所有信息，如基站到 RIS 的空间信道矩阵 $H_1$、RIS 到终端的空间信道矩阵 $H_2$，以及基站到终端的空间信道矩阵 $H_d$，不仅有大尺度衰落，而且有小尺度衰落。而 RIS 本身是无源器件，很难单独估计基站或终端到一个 RIS 单元的信道。大多数情况是通过估计级联信道，再反推出各段信道的响应，所需要的参考信号的开销通常是比较高的，相应的控制信令的开销也很高。因此，RIS 在初期部署时，为降低参考信号和控制信令的开销，保证系统的稳健性，更为现实可行的工作模式还是基于波束反馈，即对 RIS 面板上的天线单元进行相位梯度的调节，从而形成波束，以降低基站到终端的路径损耗，提高链路的容量。波束反馈方式不仅适用于中低频段，如 sub-6 GHz，也同样适用于毫米波频段。

图 4-11 所示是一个基站宽波束+RIS 固定波束工作模式的示意图（sub-6 GHz），比较适合中低频段部署。这里的基站采用覆盖整个小区的宽波束。根据基站到 RIS 面板的方位角，RIS 采用合适的单元相位分布，形成 4 个固定方向的波束，基本覆盖 RIS 所希望服务的用户位置范围。RIS 以分时的方式，轮循扫描 4 个波束，终端对 4 个固定波束的接收强度进行测量和上报，基站根据上报的波束强度信息，选出最优的波束，如图 4-11 中的固定波束 3，然后告知 RIS。接着 RIS 根据基站的指示，用固定波束 3 来转发数据。固定波束工作模式的流程如图 4-12 所示。由于是固定波束扫描，从限制扫描次数的角度考虑，波束的宽度一般不是很窄，并且因为存在终端没有对准某个固定波束中心的情形，所以此种模式下的波束赋形的增益相对受限。但是其优点是信道对终

端基本上是透明的，终端无须对信道状态信息（包括 RIS 面板到终端的空间角度信息）进行直接估计，参考信号和控制信令的开销较小。从图 4-11 中还可以看出，由于基站采用小区宽波束，在本小区的终端，只要不处于覆盖盲区，都是能与基站直接通信的。RIS 级联链路的作用有两种：（1）当基站与 RIS，RIS 与终端，以及基站与终端的信道主要是 LOS 径时，级联链路可以增加终端的接收信号功率；（2）当以上几条链路存在明显的 NLOS 径时，级联链路可以增加信道的空间秩，提升 MIMO 的信道容量。所以，RIS 中继具有增加系统容量的潜力。如果终端处于盲区，图 4-12 所示的流程仍然适用，终端也不用区分信号是仅来自固定波束 3，还是与上小区宽波束相叠加而成的。

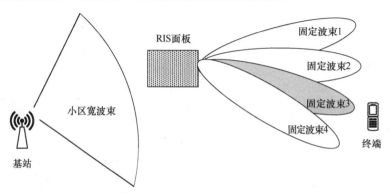

图 4-11　基站宽波束+ RIS 固定波束工作模式的示意图（sub-6 GHz）

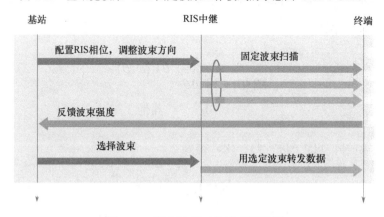

图 4-12　固定波束工作模式的流程

在毫米波频段，功率放大器的效率较低，天线端口发射的功率不如中低频段，再加上波长较短，即使是在自由空间，路径损耗也较大，需要采用波束赋形（尤其是模拟域的波束赋形）来弥补较低的发射功率和较大的路径损耗。但是，电磁波在毫米波频段的绕射和衍射能力变差，很容易被物体遮挡而产生覆盖空洞，基站固定波束+RIS 固定波束工作模式的示意图（毫米波）如图 4-13 所示。这里的基站将小区细分成 4 个固定的小区波束，RIS 面板尽量部署在靠近其中一个小区波束的峰值方向上，如小区波束 2。之后的流程与图 4-12 所示的类似。基于终端的测量反馈，确定 RIS 面板用固定波束 4 来转发数据，从而绕过阻挡，解决毫米波部署的覆盖/补盲问题。

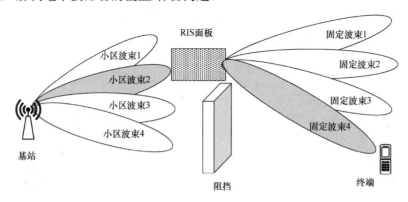

图 4-13　基站固定波束+ RIS 固定波束工作模式的示意图（毫米波）

由于 RIS 单元相位调控的机理与基站有源天线调控的机理有所区别，固定波束的设计需要借助非线性规划方法，可以将理想的矩形波束作为期望波束（目标波束），例如

$$AF_0(\theta) = \begin{cases} \dfrac{1}{\displaystyle\int_{\alpha}^{\beta}\mathrm{d}\theta}, & \theta \in [\alpha, \beta] \\ 0, & \text{其他} \end{cases} \tag{4-42}$$

对生成波束的阵列因子进行归一化，得到

$$AF(\theta) = \frac{\left| \displaystyle\sum_{m}^{M} w_m^* \mathrm{e}^{\frac{\mathrm{j}2\pi(m-1)d}{\lambda}\sin(\theta)} \right|^2}{\displaystyle\int \left| \sum_{m}^{M} w_m^* \mathrm{e}^{\frac{\mathrm{j}2\pi(m-1)d}{\lambda}\sin(\theta)} \right|^2 \mathrm{d}\theta} \tag{4-43}$$

所需要的优化问题可以表示为

$$\min \int_0^{2\pi} |AF(\theta) - AF_0(\theta)| \, \mathrm{d}\theta$$
$$\text{s.t. } 0 \leqslant \theta_m \leqslant 2\pi, \ m = 1, \cdots, M \tag{4-44}$$
$$\boldsymbol{w} = [w_1, \cdots, w_m, \cdots, w_M], \ |w_m| = 1$$

RIS 固定波束（4 个编码波束）的辐射图样如图 4-14 所示，这是对一个 64 单元的 RIS 相位进行优化后的仿真结果，分别在极坐标系和直角坐标系中显示。通过与目标矩形波束比较可以发现：当方位角大约为 100° 时，波束 2 和波束 3 有一定的重叠；而在其他角度上，各个波束之间的干扰混叠不明显。

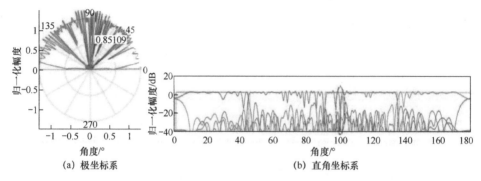

图 4-14　RIS 固定波束（4 个编码波束）的辐射图样（RIS 单元数量为 64）

当固定波束较多时，遍历所有波束进行测量识别会使得波束扫描的时间很长，运算量也较大。为解决这个问题，可以将 RIS 的固定波束按照不同层组成一个树状结构。RIS 分层波束训练识别过程如图 4-15 所示。第一层只有 2 个较宽的波束；第二层有 4 个波束，宽度稍窄；第三层有 8 个波束，宽度更窄；第四层有 16 个波束，宽度最窄。波束扫描也分 4 次，每次扫描一层，所需要扫描的波束个数可以根据上一层扫描反馈的结果来确定。当然，分层扫描的一个前提是：即使在宽波束的情形下，RIS 级联信道的信号功率也要足够强，以保证第一层/第二层的波束测量的准确度。

相比于固定波束的工作方式，采用 UE-specific（用户专用）窄波束（如图 4-16 所示），可以使 RIS 波束更精确地对准所服务的终端，波束宽度也可以更细，从而能够更大限度地增加级联信道上的信号功率。对于中低频段的多数情形，覆盖较好，基站与终端的直连链路能够支持通信，可以让基站同时形成多个数字波束；图 4-16 所示的两个波峰方向，分别指向 RIS 面板和终端。RIS 面板或终端对 RIS 到终端的信道状态信息进行测量，然后反馈给基站；基站

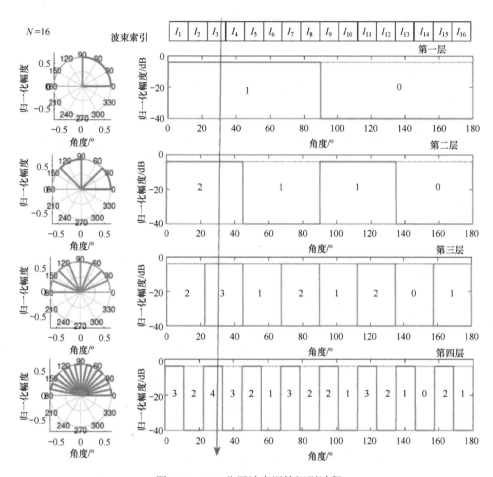

图 4-15　RIS 分层波束训练识别过程

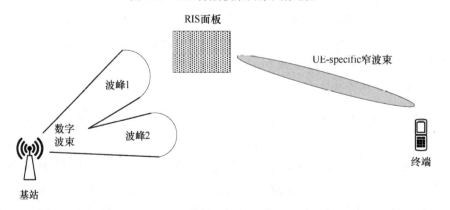

图 4-16　UE-specific 窄波束工作模式的示意图（sub-6 GHz）

进行决策，告知 RIS 采用哪种单元相位分布图在 UE-specific 窄波束上转发数据。UE-specific 窄波束工作模式的流程如图 4-17 所示。与图 4-12 所示流程不同，这里对 RIS-终端链路的空间信道是更为直接和全面的测量，而不局限于有限的固定波束的最佳匹配。关于信道估计和反馈的更为详细的描述见本书 4.3 节。

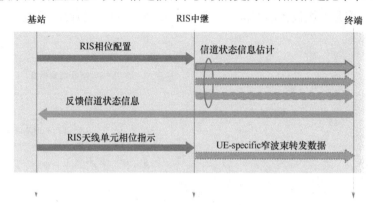

图 4-17　UE-specific 窄波束工作模式的流程

　　UE-specific 窄波束可以同时产生多个，分别服务不同方向的终端用户。此时用户的时频资源相互正交。多波束的功能可以使 RIS 同时服务多个用户，无论是上行还是下行，能够更好地发挥 RIS 在增强覆盖和提高小区吞吐量上的潜力。多波束的生成难度要比前面介绍的固定单波束的高，需要一些高级的优化算法，包括非线性优化求解。优化目标不仅是主瓣的功率，而且对旁瓣的功率有严格要求。图 4-18 和图 4-19 所示分别是远场和近场情形下 RIS 双波束合成的二维平面仿真结果。仿真假设是毫米波，工作频率为 35 GHz，RIS 单元的间距为 3.8 mm，纯粹相控，单元数为 $60 \times 60 = 3600$ 个，远近场边界为 $2D^2/\lambda = 12.1$ m，这里的 $D$ 表示天线口径。每张图中有两条曲线，其中的"闭式方法"是根据目标方位角来最大化单个波束的功率的；而"优化方法"是指在闭式方法中得到的 RIS 单元相位基础上，采用人工蜂群算法（Artificial Bee Colony Algorithm），将两个主瓣区域的权重因子定为正数，而旁瓣区域的权重因子定为负数，通过迭代的手段逼近目标函数。

　　由上述分析可知，在各个频段下，RIS 波束赋形可以带来系统性能的增强。为了实现 RIS 带来的性能增益，推动其从理论走向实践，需要对系统传输方案、空口交互协议等方面进行进一步合理设计。以初始接入方案为例，在目前新空口（New Radio，NR）协议中，基站以一定周期、在预定义的时频位置，沿各个方向发送同步信号；终端在接收到的较强的同步信号方向上发起随机接入。对于上述在毫米波频段 RIS 用于补盲的应用场景，需要保证 RIS 覆盖范围内的终端可以通过反射波束资源接入网络，而如何协调配置基站波束与 RIS 反射波束是方案设计的关键，以下给出几种可供参考的设计思路。

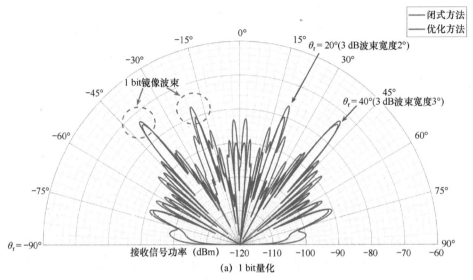

(a) 1 bit量化

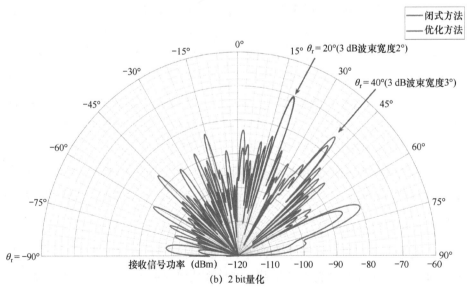

(b) 2 bit量化

图 4-18　RIS 双波束合成的二维平面仿真结果（远场）

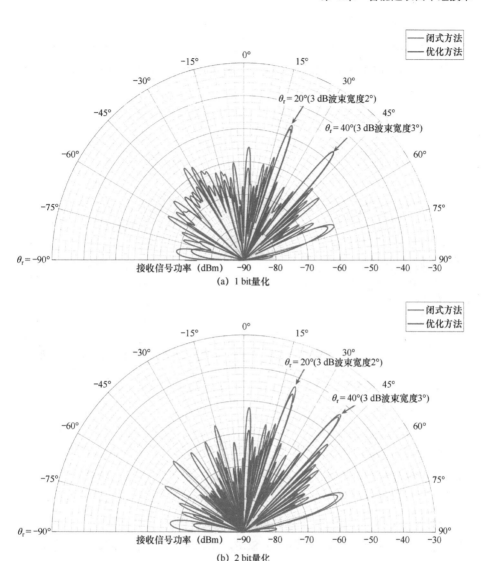

图 4-19　RIS 双波束合成的二维平面仿真结果（近场）

## 1．TDM 的同步信号配置方式

首先，基于 RIS 部署时的先验信息以及网络预定义的同步信号资源，基站对 RIS 覆盖下的波束及基站直接覆盖下的波束重新配置同步信号块（Synchronization Signal Block，SSB）资源，这些资源之间为时分复用（Time Division Multiplexing，TDM）的关系，如图 4-20 所示；其次，基站根据 RIS 的测量反馈结果确定 RIS 的反射码本个数与相位；最后，基站发送给 RIS 同步信号的时域信息，RIS 在相应的时域位置对同步信号进行反射。这种设计实现了在不改变网络预定义的同步资源的基础上，基站对同步信号资源统一协调，并且保证 RIS 的引入是对终端侧透明的，降低了终端侧协议的复杂度，有利于加快RIS 在现网中部署的进程。

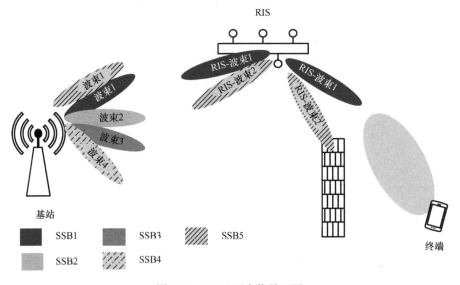

图 4-20　TDM 同步信号配置

　　需要指出的是，尽管 RIS 波束与基站波束是完全同步的，但所生成的波束宽度和覆盖范围并不受基站波束的限制。与基站波束相比，RIS 波束一般需要更窄、方向性更好才可以保证级联链路的路径损耗较小。因此，RIS 转发的基站同步信号块（SSB）多半以比较窄的波束，覆盖较小的区域。RIS 还可以根据需要，有选择性地转发基站的 SSB，如选择基站-RIS 链路最大方向上的SSB，或者反射系数比较大的。

　　在某些情形下，RIS 需要产生比基站更多的 SSB 波束，从而更好地服务在该 RIS 附近的终端用户。然而 RIS 作为一种无源器件，本身无法生成 SSB信号，只能反射从基站发来的 SSB 波束。另外，5G 新空口（NR）协议并没有规定 SSB 必须在所配置的所有子帧/时隙中发送，因此基站可以借用这些子帧/时隙重复发送某一个 SSB，这样 RIS 就可以将这些"一级"SSB 分别反射到不同的"二级"波束上，TDM 的两级 SSB 配置如图 4-21 所示。基站

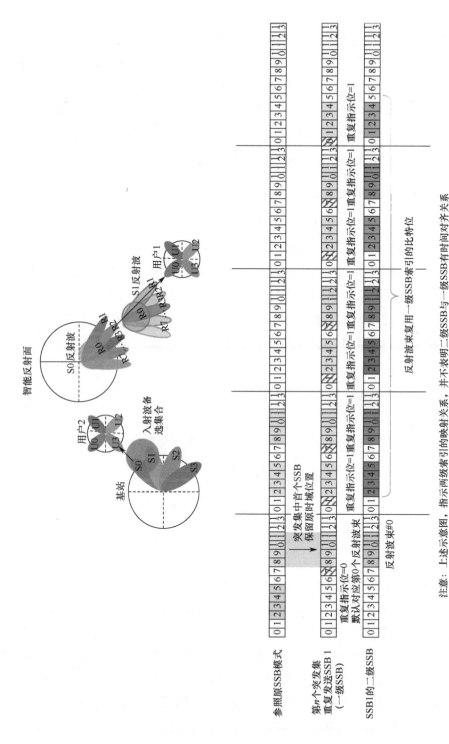

图 4-21 TDM 的两级 SSB 配置

注意：上述示意图，指示两级索引的映射关系，并不表明二级SSB与一级SSB有时间对齐关系

一共配置了 4 个 SSB 波束，原本的 SSB 子帧配置图样是以两个子帧为周期的，每个子帧中包含 14 个正交频分复用（Orthogonal Frequency Division Multiplexing，OFDM）符号，其中 SSB0 和 SSB1 在第一个子帧发送，SSB2 和 SSB3 在第二个子帧发送。RIS 处于 SSB1 波束的覆盖范围，因此最适合反射（转发）SSB1。为了使 RIS 形成多个"二级"SSB 波束，基站需要在多个子帧重复发送 SSB1，RIS 在这个一级 SSB 波束上衍生出多个二级 SSB 波束。

### 2. FDM 同步信号配置方案

如图 4-21 所示，如果 RIS 额外引入了大量的二级波束，TDM 的方案可能会导致终端需要等待多个周期才能接入，容易造成较大的接入时延；如果在原有网络预定义的同步信号资源中分一部分给 RIS 覆盖范围内的波束，则会导致基站直接覆盖范围减小。因此，基站额外配置一套相对于原同步信号频域有一定频移的同步信号用于 RIS 波束扫描，FDM 同步信号配置方案如图 4-22 所示。该设计思路既可以保证用户的及时接入，也可以保证基站原有覆盖范围不变。

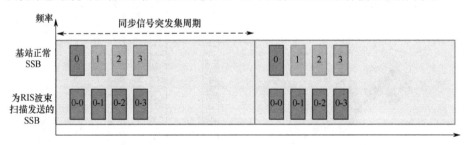

图 4-22　FDM 同步信号配置方案

## 4.2.2　基于随机采样

考虑到 RIS 级联信道估计的复杂性和所需要的参考信号、控制信令的开销，基于随机采样的方法可以不借助参考信号而对级联信道进行"盲估计"，进而计算出合适的 RIS 天线单元相位，使复合信道的容量最大化。随机采样方法源自统计学中的工具，下面介绍其基本原理[5]。以单输入单输出（Single-Input Single-Output，SISO）链路为例，即基站只要一根发送天线，终端只有一根接收天线，假设 RIS 一共有 $N$ 个无源的反射单元，用 $h_n \in \mathbb{C}(n=1,\cdots,N)$ 来表示从基站到终端经过第 $n$ 个 RIS 单元的级联信道，用 $h_0 \in \mathbb{C}$ 表示基站与终端的直连信道。为简便起见，每个单元级联信道用一个复指数表示：

$$h_n = \beta_n \mathrm{e}^{\mathrm{j}\alpha_n}, \ n = 0, \cdots, N \tag{4-45}$$

其中的幅度 $\beta_n$ 服从 $(0,1)$ 分布，相位 $\alpha_n$ 服从 $[0, 2\pi)$ 分布。

考虑仅有调相功能的 RIS 单元，$N$ 个单元构成的调相向量为 $\boldsymbol{\theta} = (\theta_1, \cdots, \theta_N)$，这里将每个 RIS 单元的相位取值均匀量化成 $K$ 个等级，即只能在如下的集合中选取：

$$\Phi_K = \{\omega, 2\omega, \cdots, K\omega\}, \ \omega = \frac{2\pi}{K} \tag{4-46}$$

因此，一个调相向量取值共有 $K^N$ 种可能性，这个集合是很大的，实际系统是几乎无法全部遍历的。

用 $X \in \mathbb{C}$ 表示发送信号，其平均功率为 $P$，即 $\mathbb{E}\left[|X|^2\right] = P$。因此，接收信号可以表示为

$$Y = \left(h_0 + \sum_{n=1}^{N} h_n \mathrm{e}^{\mathrm{j}\theta_n}\right) X + Z \tag{4-47}$$

式中，$Z$ 为高斯白噪声。$Z \sim \mathcal{CN}(0, \sigma^2)$。相对于直连链路，两条链路复合之后的信噪比（Signal-to-Noise Ratio，SNR）的增益为

$$f(\boldsymbol{\theta}) = \frac{\mathrm{SNR}}{\mathrm{SNR}_0} = \frac{1}{\beta_0^2}\left|\beta_0 \mathrm{e}^{\mathrm{j}\alpha_0} + \sum_{n=1}^{N} \beta_n \mathrm{e}^{\mathrm{j}(\alpha_n + \theta_n)}\right|^2 \tag{4-48}$$

定义级联信道平均分摊到每个 RIS 单元上的增益为

$$\delta^2 = \frac{1}{N}\sum_{n=1}^{N}\beta_n^2 \tag{4-49}$$

不难证明，当 RIS 每个单元相位与相应的级联信道匹配（假设 $K$ 值很大，量化损失很小）时，SNR 的增益与 RIS 单元个数 $N$ 的平方成正比，即

$$f(\boldsymbol{\theta}) = \frac{\delta^2}{\beta_0^2}O(N^2) \tag{4-50}$$

随机采样的基线方法被称为极大随机采样（Random-Max Sampling，RMS），其核心就是通过 $T$ 个随机采样来代表全集中的 $K^N$ 种组合，从中选出最好的一个样本。例如，一共采取了 $T$ 个随机样本，$t=1,\cdots,T$。第 $t$ 个样本的随机相位向量为 $\boldsymbol{\theta}_t = (\theta_{1t},\cdots,\theta_{Nt})$。对于每一个相位向量中的元素 $\theta_{nt}$ 都是均匀从集合 $\Phi_K$ 中独立随机挑出的，这个挑选需要遍历 $n=1,\cdots,N$ 和 $t=1,\cdots,T$。对于第 $t$ 个 RIS 相位向量，接收的信号为

$$Y_t = \left( h_0 + \sum_{n=1}^{N} h_n \mathrm{e}^{\mathrm{j}\theta_{nt}} \right) X_t + Z_t \tag{4-51}$$

这里假设发射功率 $P$ 不变，极大随机采样问题的数学表达式为

$$\boldsymbol{\theta}^{\mathrm{RMS}} = \boldsymbol{\theta}_{t_0}, \ t_0 = \arg \max_{1 \leqslant t \leqslant T} |Y_t|^2 \tag{4-52}$$

可以证明，通过这种基线方法得到的平均 SNR 增益与 RIS 单元数和采样数的关系为

$$\mathbb{E}[f(\boldsymbol{\theta}^{\mathrm{RMS}})] = \frac{\delta^2}{\beta_0^2} O(N \log T) \tag{4-53}$$

显然，这个平均 SNR 增益与式（4-50）有很大差别，除非采样数 $T$ 随着 $N$ 以指数规律上升。RMS 算法的低效率主要是因为该算法只关注能使信噪比最大的调相向量，而其他的采样在整个算法中仅作为比较对象，并没有被充分利用。

条件采样平均（Conditional Sample Mean，CSM）算法的思想，是尽量利用所有采样的信息来推断最佳的调相向量，具体算法如下。在采取了 $T$ 个随机样本后，首先把含 $T$ 个相位向量的总样本集合分为 $N \times K$ 个子集，每个子集用 $Q_{nk} \subseteq \{1,\cdots,T\}$ 表示，这样就可以把所有 $T$ 个相位向量中第 $n$ 个单元取值为 $\phi_k$ 的那些向量都归到这个子集中，用数学公式表达为

$$Q_{nk} = \{t : \theta_{nk} = \phi_k\}, \ \forall (n,k) \tag{4-54}$$

然后对每个子集中所有的采样向量所对应的接收信号功率值进行平均，用公式表达为

$$\hat{\mathbb{E}}\left[\left|\boldsymbol{Y}\right|^2 \mid \theta_n = \phi_k\right] = \frac{1}{\left|\mathcal{Q}_{nk}\right|} \sum_{t \in \mathcal{Q}_{nk}} \left|Y_t\right|^2, \ \forall(n,k) \tag{4-55}$$

从式（4-55）中可以看出，CSM 算法的性能的平均是在 $\theta_n = \phi_k$ 这个条件下的。这样的话，对于调相向量的每一个单元，就可以通过最大化条件平均，从总共 $K$ 种（当 $T$ 不够大时，有可能小于 $K$）相位可能性中来选取最合适的相位，如

$$\theta_n^{\mathrm{CSM}} = \arg\max_{\varphi \in \Phi_K} \hat{\mathbb{E}}\left[\left|\boldsymbol{Y}\right|^2 \mid \theta_n = \varphi\right] \tag{4-56}$$

对于 CSM 算法，采样样本数 $T$ 一般至少需要大于 10 倍的 RIS 单元个数 $N$，这样才能保证算法的良好性能。

图 4-23 所示是条件采样平均（CSM）算法的图解。RIS 单元相位的索引是 $\{1,2,\cdots,k,\cdots K\}$，在这个例子中，向量样本 1、2 等的第 1 个单元的相位索引

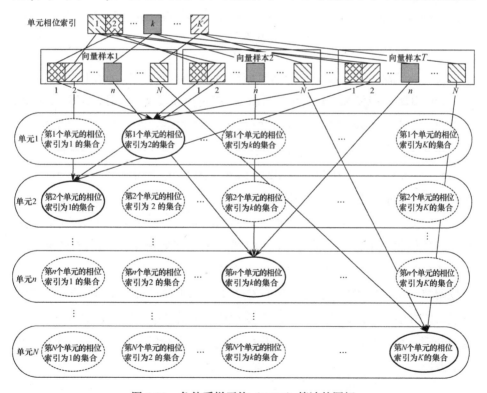

图 4-23　条件采样平均（CSM）算法的图解

都是 2，构成一个子集。同样，向量样本 1、2 等的第 2 个单元的相位索引都是 1，构成另一个子集。图中实框的子集是显性画出的，而虚框的子集没有显性画出，或是空集（在这 $T$ 个向量样本中不存在）。对每一个非空子集中的样本向量，计算接收信号平均的 SNR，然后对每一个 RIS 单元，即在图 4-23 的每一行中选取平均 SNR 最大的子集所对应的相位索引值，如实框的那些子集。

式（4-55）对接收信号功率进行条件平均，其实这个公式可以进一步推广到一般的效用函数，可以指接收功率强度、信道容量等，用公式表达为

$$\hat{\mathbb{E}}[U|\theta_n = \phi_k] = \frac{1}{|Q_{nk}|}\sum_{t \in Q_{nk}} U_t \qquad (4\text{-}57)$$

类似式（4-56），可以从条件平均效用函数中选取最高的，用于确定 RIS 第 $n$ 个单元的相位：

$$\theta_n = \arg\max_{\varphi \in \Phi_K} \hat{\mathbb{E}}[U|\theta_n = \varphi] \qquad (4\text{-}58)$$

对上述算法进行仿真验证的结果如图 4-24 所示，该仿真基于以下参数配置：2.6 GHz 的载波频率；2 bit 量化；码本为 $[0, \pi/2, \pi, 3\pi/2]$；RIS 具有 256 个单元数；进行 2560 次采样点；发射功率为 30 dBm；噪声功率为−90 dBm；基站到 RIS 的距离为 250 m；RIS 到终端的距离为 40 m；基站到终端的距离为 253 m；基站天线高度为 20 m；RIS 天线高度为 5 m；终端高度为 1.5 m；考虑 UMa 场景，利用 TR 38.901 中的信道大尺度路径损耗模型。仿真中最优波束赋形（OPT）为针对终端具体位置进行的相位调整，关闭状态（OFF）下 RIS 相位是随机的。由仿真结果可见，由于充分利用了随机采样点，CSM 的性能优于 RMS；CSM 和 RMS 是静态的工作模式，并没有针对具体信道信息进行相位调整，所以比 OPT 方案（基于 CSI 的动态工作模式）要差一些。虽然动态模式的性能优于静态模式，但是需要设计相应的控制方案和传输方案。如何获得开销和性能的折中，为每种工作模式找到合适的场景是值得进一步研究的重要方向。

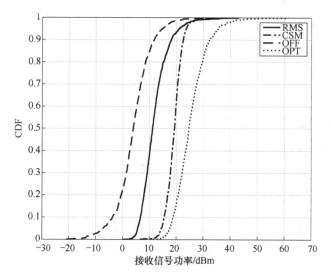

图 4-24　RMS、CSM、最优波束赋形（OPT）以及关闭状态（OFF）下的

接收信号功率和对应的 CDF 曲线

# 4.3　小尺度信道估计与反馈

在 RIS 辅助通信系统中，由于 RIS 为无源器件，虽然其反射单元的反射系数和相位等参数依靠电调或者光调，但是 RIS 自身无法根据信道信息进行相应的预编码设计等，需要基站侧进行配置。在信道估计的过程中，由于 RIS 反射板的无源特性，需要对其进行多次相位调整，还要终端配合进行相应的计算和反馈，最终才能获取信道。目前 RIS 辅助通信系统的信道估计与反馈方案都集中于理论研究，要应用于实际通信系统还存在如下缺失。

（1）基站侧：基站对 RIS 的控制流程，包括相位的指示、参考信号的指示、相位和参考信号的关系指示等，根据这些指示，RIS 才能进行相应的相位调整，使得终端能够做出合适的信道估计和反馈。

（2）终端侧：由于直接传输路径和经 RIS 反射的信道之间的差异性，终端在信道估计时，需要知道当前的接收是否有 RIS 的参与，从而确定信道估计的方法、反馈的模式和内容。

为了弥补上述缺失，以下设计思路可供参考。

### 1. 参考信号设计

考虑到在智能反射表面系统中，终端所能估计的只有信号经过表面反射后的信道，其信道特性和结构与一般的发射节点、接收节点信道有较大的不同，因此可以定义一种新的参考信号用于进行 RIS 反射板系统中的信道估计，如下面的两种情况。

Ⅰ类参考信号：无 RIS 反射板时的参考信号/反射板参数不调整时的参考信号。

Ⅱ类参考信号：有 RIS 反射板时的参考信号/反射板参数调整时的参考信号。

### 2. 流程设计

信道估计与反馈的流程设计示例如图 4-25 所示，其具体流程如下。

第一步，终端接收基站信号，包括同步信号、信道状态信息参考信号（Channel State Information-Reference Signal，CSI-RS）等。

第二步，终端上报位置、接收角度、信道估计信息等给基站，供基站判断该终端是否位于 RIS 反射板附近，是否需要发送 RIS 反射板信道估计参考信号（Ⅱ类参考信号）。另外，终端可以根据上述信息自行判断自己是否位于 RIS 反射板附近，触发基站发送Ⅱ类参考信号。

第三步，基站配置Ⅱ类参考信号，以及码本配置（匹配 RIS 反射板信道的码本）；给 RIS 反射板配置Ⅱ类参考信号，同时配置所关联的 RIS 反射板相位信息。（如果 RIS 反射板有上报能力，则可以不由基站配置，由 RIS 反射板自身决定并上报基站。）

第四步，基站发送Ⅱ类参考信号，RIS 反射板基于配置的信息在相应的参考信号发送位置上调整相位反射信号。具体见图 4-25，RIS 反射板从基站处要获得参考信号的时域图样，在不同的时域位置上调整 RIS 反射板的相位，这样保证终端可以接收到经过不同相位反射的信号。

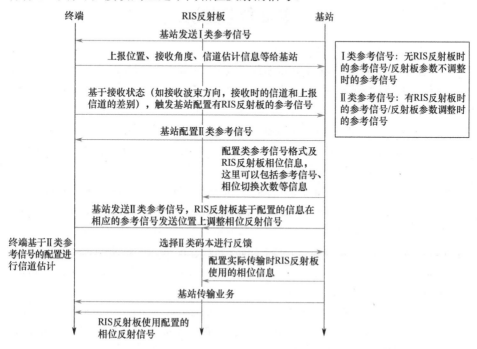

图 4-25　信道估计与反馈的流程设计示例

第五步，终端基于Ⅱ类参考信号图样，进行反射链路的信道估计，由于反射链路的特性与直传链路不同，因此在做反馈时要按照基站的配置选择Ⅱ类码本进行反馈，在反馈信息中应该区分当前反馈的 PMI 是基于哪类码本的反馈。

第六步，基站基于终端的反馈计算信道矩阵，配置实际传输时 RIS 反射板使用的相位信息，需要将该配置信息对应的传输资源信息配置给 RIS 反射板。

第七步，基站传输业务，RIS 反射板根据配置，在相应的传输资源上使用配置的相位反射信号。

# 本章参考文献

[1] GU Q, WU D, SU X, et al. Performance comparisons between reconfigurable intelligent surface and full/half-duplex relays: Theoretical methods and a perspective from operator[D] . VTC Fall, 2021: 1-6.

[2] CAI C, YANG H Y, YUAN X J, et al. Two-timescale optimization for intelligent reflecting surface aided D2D underlay communication[J]. IEEE GLOBECOM 2020, 2020: 20383459. DOI: 10.1109/GLOBECOM42002.2020.9322204.

[3] HU C, DAI L, HAN S, et al, Two-timescale channel estimation for reconfigurable intelligent surface aided wireless communications [J]. IEEE Transactions on Wireless Communications, 2021, 69(11): 7736-7747.

[4] ELLINGSON S W. Path loss in reconfigurable intelligent surface-enabled channels [C]. IEEE 32nd Annual International Symposium on Personal, Indoor and Mobile Radio Commun (PIMRC), 2021: 1-6.

[5] ZHANG Y W, SHEN K M, REN S Y, et. al, Configuring intelligent reflecting surface with performance guarantees: blind beamforming [J]. IEEE Journal of Selected Topics in Signal Processing, 2022, 16(5): 967-979.

# 第 5 章　智能超表面中继的性能仿真评估

本章分别从链路级和系统级的角度，对智能超表面（RIS）中继的性能进行初步仿真评估。链路级仿真将针对单用户点到点链路，建模发射功率、路径损耗等，初步探索 RIS 基本的链路性能，为系统级仿真奠定基础。系统级仿真是开展通信技术研究的重要手段和评估工具。系统级仿真可以全面评估 RIS 对整个基于蜂窝网络的通信系统的影响。通过建立 RIS 的天线模型、节点拓扑、用户撒点，以及 RIS 与基站和终端之间的信道模型，仿真平台可以全面地评估智能反射表面的性能增益和干扰情况，进而优化智能反射表面在实际部署时的策略和方案。

## 5.1　链路级仿真

链路级仿真的主要目的是分析 RIS 中继在大尺度信道衰落下的性能，尤其是 RIS 中继对两跳链路的路径损耗的影响，因此其信道模型没有包含小尺度信道的建模。

### 5.1.1　信道模型

大尺度信道衰落主要包含路径损耗和阴影衰落。其中，路径损耗又包含视距传输。所谓的视距（LOS）及非视距（NLOS），均与传播距离和载波频率有关。而阴影衰落一般建模为对数域的正态分布，与传播距离或载波频率没有很强的关系。本节重点介绍 RIS 中继的路径损耗模型。

RIS 中继通常由运营商部署，站点选址经过优化，尽可能保证与所服务的基站采用 LOS 传输，因此从基站（Base Station，BS）到 RIS 链路的建模可以主要考虑 LOS 场景。RIS 到终端（UE）的传输环境比较复杂，既有 LOS 径也有 NLOS 径。但当 RIS 的波束较细时，NLOS 的可能性降低（或者转化为阻挡），所以可以用 LOS 径建模作为近似，以简化模型难度，快速得到初步的仿真分析结果。图 5-1 所示是 RIS 中继在两段链路（BS-RIS 和 RIS-UE）均为 LOS 径时的系统。

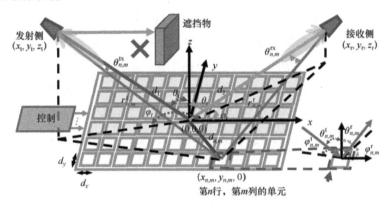

图 5-1　RIS 中继在两段链路（BS-RIS 和 RIS-UE）均为 LOS 径时的系统[1]

图 5-1 中的 RIS 面板是一个二维阵列，在 $x$ 轴与 $y$ 轴组成的平面上。RIS 面板的中心与 $x$-$y$-$z$ 三维直角坐标系的原点（0, 0, 0）重合。RIS 面板由形状和大小都完全一致的多个 RIS 单元等间距地排成 $N$ 行 $M$ 列，每个 RIS 单元的宽度和长度分别为 $d_x$ 和 $d_y$。通过控制 RIS 中的电子线路，每个 RIS 单元（如第 $n$ 行第 $m$ 列的单元）的反射系数 $\Gamma_{n,m}$ 可以改变。用 $d_1$、$d_2$、$\theta_t$、$\varphi_t$、$\theta_r$ 和 $\varphi_r$ 分别表示从发射侧到 RIS 面板几何中心的距离、从接收侧到 RIS 面板几何中心的距离、发射侧相对于 RIS 面板中心的俯仰角和水平方位角，以及接收侧相对于 RIS 面板几何中心的俯仰角和水平方位角。用 $r^t_{n,m}$、$r^r_{n,m}$、$\theta^t_{n,m}$、$\varphi^t_{n,m}$、$\theta^r_{n,m}$ 和 $\varphi^r_{n,m}$ 分别表示从发射侧到第 $n$ 行第 $m$ 列 RIS 单元的距离、从接收侧到第 $n$ 行第 $m$ 列 RIS 单元的距离、发射侧相对于第 $n$ 行第 $m$ 列 RIS 单元的俯仰角和水平方位角，以及接收侧相对于第 $n$ 行第 $m$ 列 RIS 单元的俯仰角和水平方位角。

为简便起见，发射侧和接收侧假设分别只有一根天线，位置分别是（$x_t$, $y_t$, $z_t$）和（$x_r$, $y_r$, $z_r$）。发射功率为 $P_t$，载频的波长为 $\lambda$。用 $F(\theta, \varphi)$、$G$、$F^{tx}(\theta, \varphi)$、

$G_t$、$F^{rx}(\theta, \varphi)$ 和 $G_r$ 分别表示每个 RIS 单元的归一化天线方向图和最大方向上的增益、发射侧天线的归一化天线方向图和最大方向上增益，以及接收侧天线的归一化天线方向图和最大方向上的增益。这里的 $\theta$ 和 $\varphi$ 分别是某个 RIS 单元或者收/发侧天线的收/发方向的俯仰角和水平方位角。第 $n$ 行第 $m$ 列 RIS 单元相对于发射侧天线所处的俯仰角和水平方位角分别是 $\theta^{tx}_{n,m}$ 和 $\varphi^{tx}_{n,m}$，相对于接收侧天线所处的俯仰角和水平方位角分别是 $\theta^{rx}_{n,m}$ 和 $\varphi^{rx}_{n,m}$。

根据电磁波自由空间传播的弗里斯（Friis）公式，可以推导出经过 RIS 一次反射后到达接收侧的信号功率为

$$P_r = P_t \frac{G_t G_r (d_x d_y)^2}{64\pi^3} \left| \sum_{m=1}^{M} \sum_{n=1}^{N} \frac{\sqrt{F^{combine}_{n,m}}\ \Gamma_{n,m}}{r^t_{n,m} r^r_{n,m}} e^{\frac{-j2\pi(r^t_{n,m}+r^r_{n,m})}{\lambda}} \right|^2 \tag{5-1}$$

式中，$F^{combine}_{n,m} = F^{tx}(\theta^{tx}_{n,m}, \varphi^{tx}_{n,m}) F(\theta^t_{n,m}, \varphi^t_{n,m}) F(\theta^r_{n,m}, \varphi^r_{n,m}) F^{rx}(\theta^{rx}_{n,m}, \varphi^{rx}_{n,m})$ 将发端天线、RIS 单元和收端天线的归一化天线方向图都综合起来了。

式（5-1）是比较常见的表达式，对近场和远场都适用。绝对值平方中的最右边项，表示按照空间几何关系从发端天线经过每个 RIS 单元到接收侧天线的总波程。在远场情形下，这个波程与单元索引 $m$ 和 $n$ 呈线性关系；在近场情形下，波程与单元索引 $m$ 和 $n$ 的关系可以是二次的，或者包含更高阶的幂函数关系。理想情况下，各个单元的反射系数 $\Gamma_{n,m}$ 能够抵消空间几何关系造成的波程差，使得经过每个 RIS 单元反射的电磁波在接收侧同相叠加，形成增益。

### 5.1.2　仿真参数和方法

图 5-2 所示是链路仿真中的基站、RIS 面板和 UE 的基本位置图。在这个三维直角坐标系中，RIS 面板的中心始终与 $x$ 轴平行，可以沿着 $x$ 轴向左或向右平动，RIS 面板总体朝上，但可以沿 $y$ 轴做适当旋转，与 $xy$ 平面的倾角是 0°。基站与 UE 均在 $x$ 轴与 $z$ 轴构成的平面里，基站的 $x$ 坐标为-150 m，UE 的 $x$ 坐标为 150 m。它们的 $z$ 坐标相等，都在 $z$ 的正半轴，相距 300 m，上下位置可调，代表与 RIS 面板的垂直距离。由于基站、RIS 和 UE 基本都在 $xz$ 平面（除了 RIS 面板的 $y$ 坐标最大范围有 0.5 m）中，因此在利用式（5-1）计

算路径损耗时，将忽略所有的水平方位角信息（如 $\varphi$），只考虑俯仰角信息（如 $\theta$）。表 5-1 列举了 RIS 中继的链路级仿真参数。

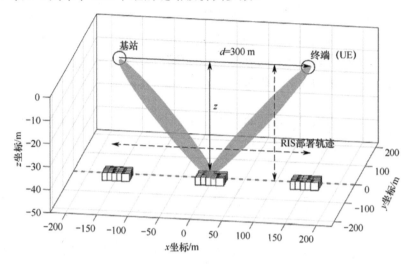

图 5-2　链路仿真中的基站、RIS 面板和 UE 的基本位置图

**表 5-1　RIS 中继的链路级仿真参数**

| 仿 真 参 数 | 数　　值 |
|---|---|
| 载波频率（$f_c$） | 3 GHz　（波长 $\lambda = 0.1$ m） |
| 系统带宽 | 100 MHz |
| 基站天线单元增益（$G_t$） | 5 dBi（在 $xz$ 平面全向，在 $y = [-0.5, 0.5]$ m 内假设增益相等） |
| RIS 单元增益（$G$） | 5 dBi |
| RIS 单元天线方向图 | $\cos^3(\theta^t_{n,m})\cos^3(\varphi^r_{n,m})$ |
| UE 天线增益（$G_r$） | 0 dBi（$x$-$y$-$z$ 全向天线） |
| 基站-RIS 与 RIS-UE 的信道模型 | LOS 径 |
| 基站-UE 的信道模型 | 3GPP TR 38.901 信道模型，包含 LOS 径和 NLOS 径，SNR 接近密集城区的用户平均 SNR = 6 dB |
| RIS 面板上的单元数 | $M \times N = 20 \times 20$，单元边长为半波长，RIS 面板大小 $= 1$ m $\times 1$ m |

从图 5-2 中可以看出，基站与 UE 之间有两条链路：（1）直连链路；（2）级联（基站-RIS 和 RIS-UE）链路。其中直连链路的容量根据香农公式计算，即

$$R_{\text{SISO}} = \log_2\left(1 + \frac{p\left|h_{\text{sd}}\right|^2}{\sigma^2}\right) \tag{5-2}$$

式中，$h_{sd}$ 为基站到 UE 的信道系数。考虑在 3GPP 的性能评估中，密集城区部署时的基站到 UE 的最大距离为 300 m 左右，此时 UE 收到基站信号的信噪比（SNR）大约为 6 dB。再根据 3GPP TR 38.901 信道模型计算直连链路的路径损耗，算出基站的发射功率 $P = 43$ dBm。

当基站与 UE 之间没有大型障碍物阻挡时，UE 收到的信号是直连链路与级联链路的叠加。从严格意义上讲，如果信道模型包含小尺度衰落，则直连链路与级联链路的叠加应该是相干叠加。但因为直连链路只是采用了 3GPP TR 38.901 中的大尺度（路径损耗）信道模型，在与级联链路叠加时难以保证相干叠加，所以在大尺度链路仿真中假设为非相干叠加（功率叠加），叠加后的容量根据香农公式计算。由于只考虑俯仰角信息（如 $\theta$），RIS 单元的控制在这个链路仿真中就只有"列控"，即每一列单元（平行于 $y$ 轴）的反射系数 $\varGamma_{n,m}$ 保持相同（$\varGamma_{n,m} = \varGamma_n$），仅调整 $x$ 轴方向上的 RIS 单元相位，而信道也只有俯仰方向上的变化，退化为向量形式。以下的公式表示了根据基站-RIS 信道向量 $\boldsymbol{h}_{sr}$ 和 RIS-UE 的信道向量 $\boldsymbol{h}_{rd}$，调整 RIS 单元反射系数对角矩阵 $\boldsymbol{\theta}$（这里每个对角线元素为一个复数，没有量化误差），使得叠加链路的容量最大化。注意，该仿真中仍然考虑在 $y$ 轴方向上的 RIS 单元反射信号的相干叠加，只是这里为简化表达，不在公式中显性体现。

$$R_{\text{RIS}} = \max_{\theta_1, \cdots, \theta_n} \log_2\left(1 + \frac{p\left|h_{sd} + \boldsymbol{h}_{sr}^{\text{T}}\boldsymbol{\theta}\boldsymbol{h}_{rd}\right|^2}{\sigma^2}\right) \tag{5-3}$$

### 5.1.3　初步仿真结果

本小节将给出几种不同部署情况下的性能初步比较。

#### 1. RIS 板左右移动

图 5-3 所示是 RIS 面板的下倾角固定为 0°时，RIS 中继叠加链路的容量相对于直连链路容量所增加的百分比（0 表示没有增益，0.8 表示有 80%的增益）。

（1）随着 RIS 面板与基站-UE 连线的垂直距离的增大（RIS 面板的 $z$ 坐标为−10～−300 m），RIS 中继的增益总体趋势是在增大的，最终能达到 75%左右的增益。其主要原因是当 RIS 面板与基站-UE 连线垂直距离很近时，基站-RIS 和 RIS-UE 链路对于 RIS 面板的入射角和反射角很大，降低了 RIS 面板的有效孔径。

（2）当 RIS 面板与基站或与 UE 的水平距离（$x$ 坐标之差）较近，即 RIS 面板靠近基站或靠近 UE 时，性能增益较大，呈现双峰现象。这个趋势随着 RIS 面板与基站-UE 连线垂直距离的增大而逐步减弱，当 $z = -300$ m 时，双峰现象已完全消失。

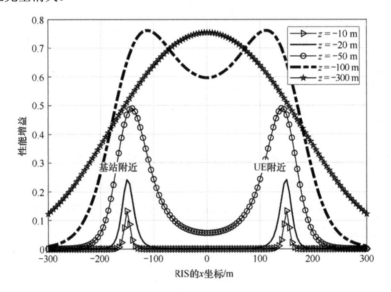

图 5-3　RIS 系统的链路容量增益

## 2. RIS 面板位置固定，UE 在 $xz$ 平面内移动

将 RIS 面板的位置固定，改变 UE 在 $xz$ 平面上的位置，不同位置 UE 系统模型示意图如图 5-4 所示，通过与底面垂直的网状平板，分析 UE 在不同位置的性能影响。注意这里 RIS 面板的下倾角是根据 RIS 面板中心处的入射和反射方向计算的，而 RIS 单元的相位是根据每个单元的入射和反射方向确定的。

UE 在 $xz$ 平面内不同位置时的 RIS 性能增益（RIS 设置为最优相位）如图 5-5 所示。可以发现，在 $xz$ 平面上的大部分区域，RIS 的性能增益（相比于基站-UE 直连链路）都在 50%以上，这说明该区域的多数 UE 都能享受 RIS 带来的好处。这个增益在两处位置尤为明显：一处是靠近 RIS 的区域；

另一处是沿着斜右上方向远离 RIS，此时基站-UE 直连链路的路径损耗迅速增大，而以 LOS 径为主的级联链路的路径损耗增大得比较缓慢，相对增益提高。

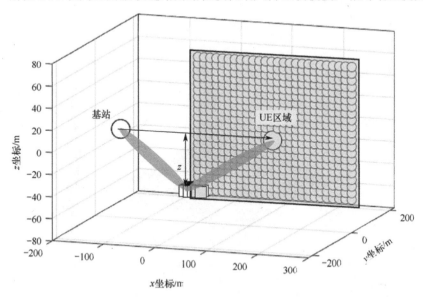

图 5-4　不同位置 UE 系统模型示意图

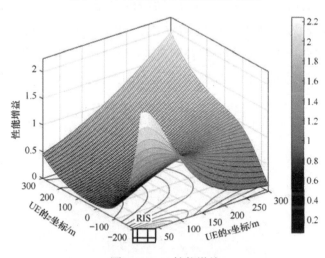

图 5-5　RIS 性能增益

作为对比，图 5-6 示出了普通反射板的固定位置和下倾角固定为 0°时，UE 在不同位置对其性能的影响。可以看出，只有当 UE 与普通反射板的出射方向符合反射定律时，才能看到明显的性能增益。虽然具有明显增益的区域范围随着 UE 与反射板距离的增大有所加强（平板线性相位更适合远场），增益也趋于变大，但大部分区域的 UE 无法得到普通反射板带来的性能增益。

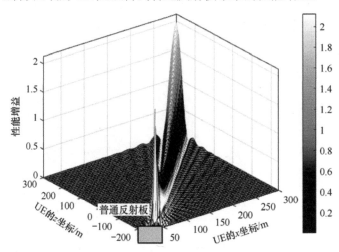

图 5-6　普通反射板的性能增益

当 RIS 可以针对不同位置的 UE 进行定向波束赋形时，RIS 波束赋形的性能增益如图 5-7 所示。图 5-7（a）所示的 UE 位置为（150,0,0），图 5-7（b）所示的 UE 位置为（150,0,-150）。可以看出，RIS 对同一方向上的 UE 都有增益，而对该方向周围 UE 的干扰控制在较低的水平。因此，可以得出结论：RIS 可以提升信号强度但不造成额外干扰，可用于边缘 UE 的速率提升。

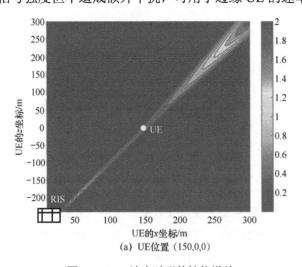

(a) UE位置（150,0,0）

图 5-7　RIS 波束赋形的性能增益

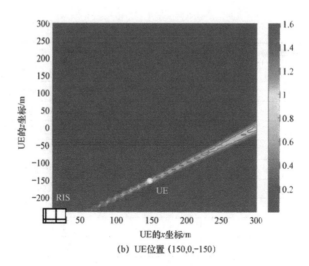

(b) UE位置 (150,0,−150)

图 5-7　RIS 波束赋形的性能增益（续）

## 5.2　系统仿真评估方法

### 5.2.1　信道模型与天线单元振子模型

#### 1．信道模型

与 5.1 节中的链路级仿真类似，RIS 中继的系统级仿真也是从 LOS 径出发对级联链路的信道进行建模的。考虑到 3GPP TR 38.901 中的信道模型是业界应用最为广泛的模型，这里的 RIS 级联链路模型也是基于 3GPP TR 38.901 的基本模型。为方便理解本小节中信道模型的公式，表 5-2 列出了 RIS 中继系统仿真信道模型的相关参数，多数的符号沿用了 3GPP TR 38.901 中的符号。

表 5-2　RIS 中继系统仿真信道模型的相关参数

| 信道模型参数 | 定　义 |
| --- | --- |
| $K$ | RIS 面板的单元振子数 |
| $S$ | 基站（BS）的发射天线数 |
| $U$ | 终端（UE）的接收天线数 |
| $h_{1,k}$ | 基站到 RIS 第 $k$ 个单元的信道 |

| 信道模型参数 | 定　义 |
|:---:|:---:|
| $h_{2,k,u}$ | 第 $k$ 个 RIS 单元到 UE 第 $u$ 根天线的信道系数 |
| $\phi_k$ | 第 $k$ 个 RIS 单元的调节相位 |
| $\bar{d}_s$ | 基站第 $s$ 根发射天线的当地坐标 |
| $\bar{d}_k$ | 第 $k$ 个 RIS 单元的当地坐标 |
| $r$ | 导向矢量 |
| $d_{\text{V}}$ | 基站天线振子的垂直间距 |
| $\theta_{\text{eTilt}}$ | 基站振子垂直方向的角度（90° 表示垂直于面板） |
| $\lambda_0$ | 波长 |
| SF | 阴影衰落 |
| PL | 路径损耗 |

在 LOS 径的情形下，反映大尺度衰落的参考信号接收功率（RSRP）经过 RIS 级联之后的表达式为

$$\text{RSRP} = \sum_{u=1}^{U} \left| \sqrt{\text{PL}_0 \text{SF}_0} h_{0,u,p} + \sum_{k=1}^{K} \sqrt{\text{PL}_{1,k} \text{PL}_{2,k} \text{SF}_{1,k} \text{SF}_{2,k}} h_{2,k,u} \text{e}^{\text{j}\phi_k} h_{1,k} \right|^2 \frac{P_{\text{TX}}}{U} \quad (5\text{-}4)$$

基站与 RIS 第 $k$ 个单元之间的信道系数可以写为

$$h_{1,k}^{\text{LOS}} = \sqrt{\frac{K_R}{K_R + 1}} \begin{bmatrix} F_{\text{RIS},k,\theta}(\theta_{\text{ZOA}}, \varphi_{\text{AOA}}) \\ F_{\text{RIS},k,\varphi}(\theta_{\text{ZOA}}, \varphi_{\text{AOA}}) \end{bmatrix}^{\text{T}} \begin{bmatrix} \text{e}^{\text{j}\phi_{\text{LOS}}} & 0 \\ 0 & -\text{e}^{\text{j}\phi_{\text{LOS}}} \end{bmatrix} \cdot$$

$$\begin{bmatrix} F_{\text{BS},k,\theta}(\theta_{\text{ZOD}}, \varphi_{\text{AOD}}) \\ F_{\text{BS},k,\varphi}(\theta_{\text{ZOD}}, \varphi_{\text{AOD}}) \end{bmatrix} \exp\left( -\text{j}2\pi \frac{d_k^{\text{BS-RIS}}}{\lambda_0} \right) \quad (5\text{-}5)$$

基站天线在俯仰角方向上的方向图在全局坐标中可写为

$$F_{\text{BS},k,\theta}(\theta_{\text{ZOD}}, \varphi_{\text{AOD}}) = \sum_{s=1}^{S} w_s \exp\left( \text{j}2\pi \frac{\hat{r}_{\text{BS},s,k}^{\text{T}} \hat{d}_s}{\lambda_0} \right) \quad (5\text{-}6)$$

基站天线在方位角方向上的方向图在全局坐标中可写为

$$F_{\text{BS},k,\varphi}(\theta_{\text{ZOD}}, \varphi_{\text{AOD}}) = \sum_{s=1}^{S} w_s \exp\left( \text{j}2\pi \frac{\hat{r}_{\text{BS},s,k}^{\text{T}} \hat{d}_s}{\lambda_0} \right) F_{\text{BS},s,k,\varphi}(\theta_{\text{ZOD}}, \varphi_{\text{AOD}}) \quad (5\text{-}7)$$

基站阵列天线的相位梯度为

$$w_s = \frac{1}{\sqrt{S}} \exp\left(-j \frac{2\pi}{\lambda}(s-1)d_V \cos\theta_{\text{eTilt}}\right) \tag{5-8}$$

基站第 $s$ 根发射天线的导向矢量为

$$r_{\text{BS},s,k} = \begin{bmatrix} \sin\theta_{s,k,\text{ZOD}} & \cos\varphi_{s,k,\text{AOD}} \\ \sin\theta_{s,k,\text{ZOD}} & \sin\varphi_{s,k,\text{AOD}} \\ & \cos\theta_{s,k,\text{ZOD}} \end{bmatrix} \tag{5-9}$$

RIS 第 $k$ 个单元与 UE 第 $u$ 根天线之间的信道系数可以写为

$$h_{2,k,u} = \sqrt{\frac{K}{K+1}} \begin{bmatrix} F_{\text{UE},u,k,\theta}(\theta_{\text{ZOA}},\varphi_{\text{AOA}}) \\ F_{\text{UE},u,k,\varphi}(\theta_{\text{ZOA}},\varphi_{\text{AOA}}) \end{bmatrix}^{\text{T}} \begin{bmatrix} e^{j\phi_{\text{LOS}}} & 0 \\ 0 & -e^{j\phi_{\text{LOS}}} \end{bmatrix} \cdot$$

$$\begin{bmatrix} F_{\text{RIS},k,\theta}(\theta_{\text{ZOD}},\varphi_{\text{AOD}}) \\ F_{\text{RIS},k,\varphi}(\theta_{\text{ZOD}},\varphi_{\text{AOD}}) \end{bmatrix} \exp\left(-j2\pi \frac{d_k^{\text{RIS-UE}}}{\lambda_0}\right) \tag{5-10}$$

一般情况下，UE 使用的是全向天线，因此 $F_{\text{UE},u,k,\theta}(\theta_{\text{ZOA}},\varphi_{\text{AOA}})$ 和 $F_{\text{UE},u,k,\varphi}(\theta_{\text{ZOA}},\varphi_{\text{AOA}})$ 都是常数。

式（5-4）是 LOS 径的情形下的一般表达式，近场与远场都适用。但是在远场条件下，计算可以简化为

$$\text{RSRP} = \sum_{u=1}^{U} \left| \sqrt{\text{PL}_0\text{SF}_0} h_{0,u,p} + \sum_{k=1}^{K} \sqrt{\text{PL}_1\text{PL}_2\text{SF}_1\text{SF}_2} \sum_{k=1}^{K} h_{2,k,u} e^{j\phi_k} h_{1,k} \right|^2 \frac{TX_{\text{power}}}{U} \tag{5-11}$$

**2. 天线单元振子模型**

基站天线的方向图通常采用 3GPP TR 38.901 中的表达式，如表 3-1 所示。对于 RIS 单元的天线方向图，有两种方式建模。第一种是以余弦函数（cos）作为表达式，在学术界用得比较多，只对二维平面内的方向图建模，公式比较简单，如

$$G_e(\psi) = \begin{cases} \gamma\cos^{2q}(\psi), & 0 \le \psi < \pi/2 \\ 0, & \pi/2 \le \psi \le \pi \end{cases} \tag{5-12}$$

式中，$\psi$ 是与垂直方向的夹角；指数 $q$ 反映了方向图的指向性；前面的系数 $\gamma$ 用来对总的辐射功率归一化，也对应着在垂直方向上的单元最大增益，使得在整个环绕面积上的积分等于 $4\pi$。在这个约束下，存在如下关系[2]：

$$\gamma = 2(2q+1) \tag{5-13}$$

从式.（5-13）中可知，$q$ 值越大，$\cos^{2q}(\psi)$ 指向性越强，垂直方向上的单元增益越大。

第二种建模方式是基于基站天线的方向图，在增益上做小幅调整。其优点是可以进行三维方向图的建模。因此在接下来的系统仿真中，RIS 单元的天线方向图采用表 5-3 中的表达式。3GPP TR 38.901 中的辐射型天线最大方向增益为 8 dBi。RIS 天线单元同理，半波长单元的增益一般为 5 dBi 左右。因此在仿真中，将 RIS 单个振子最大方向增益设为 5 dBi。后续待实测数据验证。

表 5-3　RIS 单元的天线方向图表达式

| 参　　数 | 取　　值 |
|---|---|
| 垂直方向上的辐射功率/dB | $A_{\mathrm{dB}}(\theta,\phi=0^\circ) = -\min\left\{12\left(\dfrac{\theta-90^\circ}{\theta_{3\mathrm{dB}}}\right)^2, \mathrm{SLA_V}\right\}$ <br> 其中，$\theta_{3\mathrm{dB}}=65^\circ$，$\mathrm{SLA_V}=30\,\mathrm{dB}$，$\theta\in[0^\circ,180^\circ]$ |
| 水平方向上的辐射功率/dB | $A_{\mathrm{dB}}(\theta=90^\circ,\phi) = -\min\left\{12\left(\dfrac{\phi}{\phi_{3\mathrm{dB}}}\right)^2, A_{\max}\right\}$ <br> 其中，$\phi_{3\mathrm{dB}}=65^\circ$，$A_{\max}=30\,\mathrm{dB}$，$\phi\in[-180^\circ,180^\circ]$ |
| 三维辐射功率/dB | $A_{\mathrm{dB}}(\theta,\phi) = -\min\{-(A_{\mathrm{dB}}(\theta,\phi=0^\circ)+A_{\mathrm{dB}}(\theta=90^\circ,\phi)), A_{\max}\}$ |
| 单个振子最大方向增益 $G_{\mathrm{E,max}}$ | 5 dBi |

### 5.2.2　系统配置与仿真参数假设

系统仿真的小区拓扑、UE 分布、RIS 中继的分布以及仿真方法，均基于 3GPP 的系统仿真配置，并在此基础上加入 RIS 中继特有的参数和仿真模型。表 5-4 列举了大尺度信道模型下 RIS 中继的系统仿真基本参数[3-4]。

表 5-4　RIS 中继的系统仿真基本参数（大尺度信道模型）

| 仿 真 参 数 | 数　　值 |
|---|---|
| 网络拓扑 | 六边形网格，7 个基站（共 21 扇区） |
| 站间距 | 500 m 或 200 m |
| 载波频率（$f_c$） | 2.6 GHz |
| 系统带宽 | 10 MHz |
| 基站发射功率 | 43 dBm |
| 基站天线高度 | 25 m |
| 基站天线的下倾角 | 0° |
| 基站天线配置 | 垂直振子数×水平振子数×极化：2×4×2，±45°交叉极化［一对一发射接收单元（Transmit Receive Unit，TXRU）］ |
| 基站天线振子最大方向增益 | 5 dBi |
| RIS 中继密度 | 4、8、16 个/扇区 |
| RIS 中继的部署方式 | 小区边缘：0.9～1.0 倍小区半径的环状区域<br>小区中部：0.5～0.55 倍小区半径的环状区域 |
| RIS 中继之间的最小距离 | 0.1 小区半径 |
| RIS 面板上的单元振子数 | $M×N = 16×16$，40×40，90°垂直极化 |
| RIS 单元间距 | 0.4 λ 或 0.5 λ |
| RIS 天线高度 | 15 m |
| RIS 天线的下倾角 | UE 整个小区随机撒点时 10°；<br>UE 小区边缘撒点时 15° |
| RIS 单元最大方向增益 | 5 dBi |
| RIS 单元天线方向图 | 与基站天线振子的相同 |
| 基站-RIS 链路信道模型 | LOS 径 |
| UE 数量 | 每个扇区平均 50 个 |
| 室外 UE 比例 | 100% |
| UE 撒点方式 | 方式 1：小区边缘，0.85～0.9 倍小区半径的环状区域；<br>方式 2：整个小区内均匀分布 |
| UE 天线高度 | 1.5 m |
| UE 天线增益 | 0 dBi（$x$-$y$-$z$ 全向天线） |
| UE 天线配置 | 1×2×2，90°垂直极化 |
| RIS-UE 的信道模型 | LOS 径 |
| UE 噪声系数 | 7 dB |
| 基站-UE 的信道模型 | 3GPP TR 38.901 UMa 或 UMi |
| 基站与 UE 的最小距离 | 35 m |

图 5-8 是 RIS 放置在小区边缘，UE 在小区内均匀随机分布的情形，右边方框是局部放大，可以看出 RIS 面板的法线方向指向本小区的基站。图 5-9 是 RIS 放置在小区中间，UE 在小区边缘的情形，右边方框是局部放大，可以

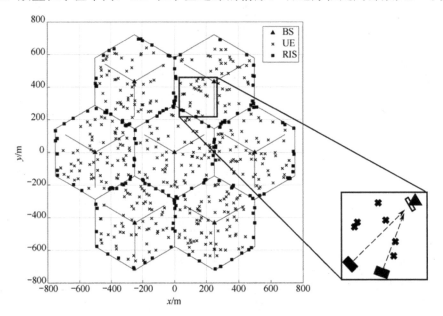

图 5-8　RIS 放置在小区边缘，UE 在小区内均匀随机分布

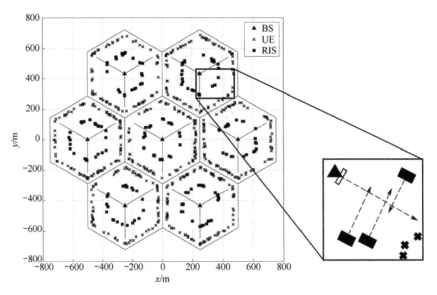

图 5-9　RIS 放置在小区中部，UE 在小区边缘

看出 RIS 面板的法线方向与本小区基站的法线方向垂直。图 5-10 是 RIS 放置在小区边缘，UE 在小区边缘的情形。

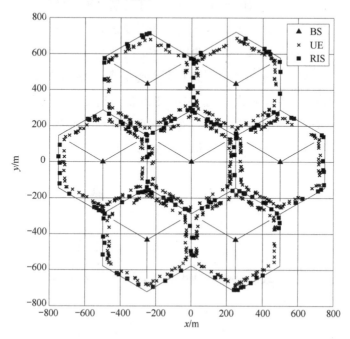

图 5-10　RIS 放置在小区边缘，UE 在小区边缘

在系统级仿真平台中，完成基站发信台（Base Transceiver Station，BTS）、RIS 和 UE 的撒点后，UE 需要选择最佳的智能反射表面和基站作为服务站，用户初始化选择的过程如下。

（1）选定 UE，遍历所有 BTS，计算直连链路（BTS-UE）的大小尺度信道信息及直连链路的参考信号接收功率（Reference Signal Received Power，RSRP）。

（2）选定 BTS，遍历该 BTS 下的所有 RIS，对 BTS-RIS 的大尺度信道信息建模。

（3）选定 UE，遍历所有 RIS，对 RIS-UE 的大尺度信道信息建模。

（4）选定 UE，计算反射链路（BTS-RIS+RIS-UE）的 RSRP，综合直连链路的 RSRP 与反射链路的信号强度选定该 UE 的服务基站及该服务基站下

163

的服务 RIS。

RIS 的无源属性使得 RIS 能够对收到的任何信号进行反射，因此需要充分考虑可能造成的干扰，这一点是系统仿真需要全面和准确建模的。图 5-11 是一个反映了多重干扰的两基站、多 RIS 系统的干扰示意图。UE 收到的干扰除了来自邻区的基站，还包括邻区基站信号经过邻区 RIS 的反射信号，以及邻区基站信号经过与这个 UE 最近的本小区 RIS 的反射信号。注意，考虑到邻区基站到本小区 RIS 的路径损耗较大，而且本小区其他 RIS 到这个 UE 的路径损耗也较大，因此这部分干扰在系统仿真中被忽略。

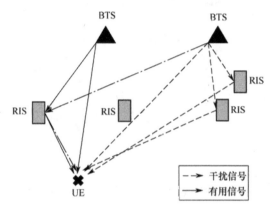

图 5-11　两基站、多 RIS 系统的干扰示意图

由于 BTS-RIS 以及 RIS-UE 链路均为 LOS 径，RIS 单元的最优相位（不考虑干扰）可以直接根据入射角和反射角计算：

$$\Phi_{l,k} = -2\pi \frac{(\hat{r}^{\mathrm{T}}_{\mathrm{ZOA_{RIS},AOA_{RIS}}} + \hat{r}^{\mathrm{T}}_{\mathrm{ZOD_{RIS},AOD_{RIS}}})\bar{d}_{l,k}}{\lambda} \tag{5-14}$$

这里将 RIS 单元用二维索引，体现每个单元在 RIS 面板的位置。为了更能反映实际器件的性能，仿真中还包含了等间隔相位量化的情形，如 2 bit 量化采用如下公式：

$$\Phi_{l,k} = \begin{cases} \pi/4, & 0 \leqslant \mathrm{mod}(\Phi_{l,k}, 2\pi) < \pi/2 \\ 3\pi/4, & \pi/2 \leqslant \mathrm{mod}(\Phi_{l,k}, 2\pi) < \pi \\ -3\pi/4, & \pi \leqslant \mathrm{mod}(\Phi_{l,k}, 2\pi) < 3\pi/2 \\ -\pi/4, & 3\pi/2 \leqslant \mathrm{mod}(\Phi_{l,k}, 2\pi) < 2\pi \end{cases} \tag{5-15}$$

## 5.3　系统仿真初步结果

在大尺度信道建模的条件下，系统性能主要体现在 RSRP 和下行信干噪比（SINR）的累积分布函数（Cumulative Distribution Function，CDF）上。RSRP 是网络覆盖的重要指标，SINR 的统计分布能够大体反映小区的吞吐量。对于 RIS 中继场景，RSRP 的计算如式（5-11）所示，SINR 的干扰建模如图 5-11 所示。总 RSRP 除以 UE 接收到的噪声（$P_N$）与直连链路干扰、邻区 BS-邻区 RIS-UE 干扰之和（$P_I$）得到的商就是 UE 的 SINR，其计算方法为

$$\text{SINR}_{\text{UE}} = \frac{\text{RSRP}}{P_I + P_N} = \frac{\text{RSRP}}{\sum_i \text{RSRP}_i + P_N} \tag{5-16}$$

**1. RIS 中继和 UE 不同位置分布，以及 RIS 单元数、RIS 面板数的影响**

图 5-12 是当 RIS 部署在小区边缘，UE 在整个小区均匀分布情形下的 RSRP 和 SINR 的 CDF 曲线。与无 RIS 的情况相比，8 RIS 16×16、8 RIS 40×40 和 16 RIS 40×40 天线单元的 RSRP 增益逐渐增加。与无 RIS 的情况相比，8 RIS 16×16、8 RIS 40×40 和 16 RIS 40×40 天线单元的 SINR 增益也是增加的趋势。仿真结果表明了在小区中部署 RIS 带来的性能增益。从图 5-12 中可以看出，在无线网络中部署 RIS 可以显著提高整个小区的系统性能；增加单个 RIS 面板的单元数或增加每个扇区的 RIS 面板数可以提高系统的性能。

图 5-13 是 RIS 部署在小区中间或者小区边缘，而 UE 在小区边缘情形下的 RSRP 和 SINR 的 CDF。仿真结果表明，RIS 针对 UE 进行相位调整后，对于边缘 UE 有较为明显的增益；与部署在小区中间相比，部署在小区边缘的 RIS 更能提升边缘 UE 的性能。可以得出结论，RIS 对反射波束的汇聚作用，可以有效增强信号和抑制干扰，提升小区边缘 UE 性能。

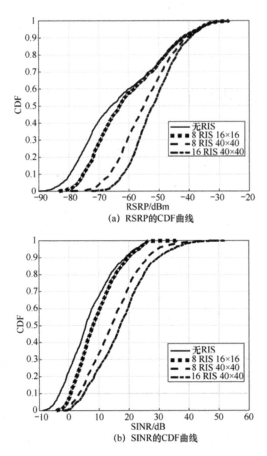

图 5-12　RIS 部署在小区边缘，UE 在整个小区均匀分布情形

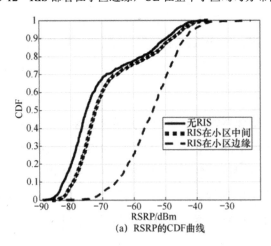

图 5-13　RIS 部署在小区中间或者小区边缘，而 UE 在小区边缘情形

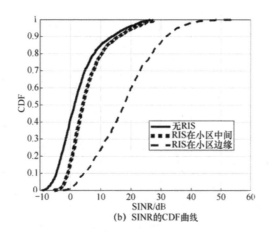

(b) SINR的CDF曲线

图 5-13　RIS 部署在小区中间或者小区边缘，而 UE 在小区边缘情形（续）

### 2. RIS 波束扫描与 UE 波束赋形的比较

图 5-14 和图 5-15 对比了不同 RIS 天线规模，UE 均匀撒点和边缘撒点时，波束扫描和 UE 波束赋形的 SINR CDF。在图 5-14 中，RIS 天线规模为 16×16，每个小区部署 8 个 RIS。图 5-14（a）是 UE 均匀撒点，图 5-14（b）是 UE 边缘撒点。可以看出，当天线规模较小时，波束宽度较宽。扫描间隔与波束宽度相当。当单元数为 16×16，单元间距为 0.4×0.4 波长时，波束宽度约为 10°，波束扫描与波束赋形（2 bit 量化）的性能相当。可以得出结论，当波束扫描间隔与波束宽度相当时，波束扫描的方法对系统的性能提升接近于针对 UE 波束赋形的性能提升。但如果扫描间隔不够小，则其性能与 UE 波束赋形的差距比较明显。

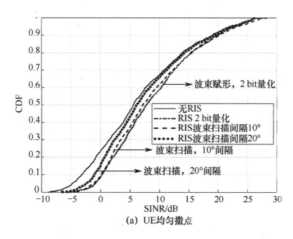

(a) UE均匀撒点

图 5-14　性能比较，RIS 天线规模为 16×16

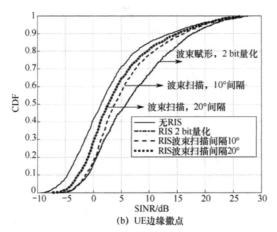

（b）UE 边缘撒点

图 5-14　性能比较，RIS 天线规模为 16×16（续）

在图 5-15 中，RIS 天线单元规模为 40×40，每个小区部署 8 个 RIS。图 5-15（a）是 UE 均匀撒点，图 5-15（b）是 UE 边缘撒点。从图 5-15 中可以看出，单元数越多，波束宽度越窄，针对 UE 的波束赋形方法（2 bit 量化）性能增益明显。

### 3．RIS 单元相位量化精度的影响

图 5-16 对比了 UE 均匀分布情形下的最优相位与 2 bit 量化的 SINR CDF，每个小区部署 8 个 RIS，RIS 天线规模为 40×40。可以看出，在这种情况下量化带来的性能损失不明显，即 2 bit 量化的性能接近最优性能。

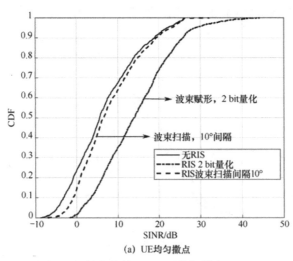

（a）UE 均匀撒点

图 5-15　性能比较，RIS 天线规模为 40×40

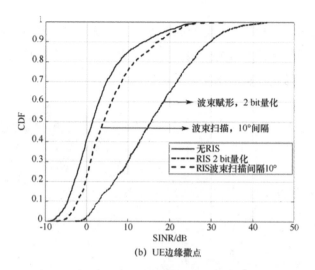

(b) UE 边缘撒点

图 5-15　性能比较，RIS 天线规模为 40×40（续）

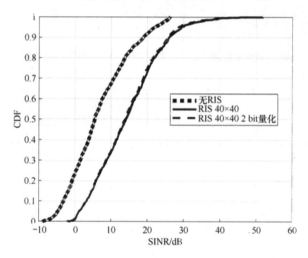

图 5-16　最优相位与 2 bit 量化的 SINR CDF 比较

图 5-17 是一块 RIS 面板上的 256 个（16×16）天线单元的相位经过 2 bit 量化后的二维图样。可以看出，相位梯度的方向从左上角到右下角，不仅在俯仰方向，而且在水平方位角方向上都具有反射方向偏折的能力。

## 4．RIS 面板长宽比例对 UE SINR 的影响

图 5-18 是 RIS 面板在 16×16、8×32、32×8 三种长宽比的情形下，当 RIS 中继与 UE 都分布在小区边缘，每个小区部署 8 个 RIS 时，下行 SINR 的

CDF。可以看出，三种长宽比之间的差别不大，从接收功率的计算公式来看，接收功率大小受整体振子数的影响，与振子的水平、垂直位置无直接关系；并且目前的调相算法也没有对水平、垂直进行区分。

| | X1 | X2 | X3 | X4 | X5 | X6 | X7 | X8 | X9 | X10 | X11 | X12 | X13 | X14 | X15 | X16 |
|---|---|---|---|---|---|---|---|---|---|---|---|---|---|---|---|---|
| Y1 | 1 | 1 | 2 | 2 | 2 | 2 | 3 | 3 | 3 | 3 | 3 | 3 | 4 | 4 | 4 | 4 |
| Y2 | 2 | 2 | 2 | 2 | 2 | 2 | 3 | 3 | 3 | 3 | 4 | 4 | 4 | 4 | 4 | 4 |
| Y3 | 2 | 2 | 2 | 2 | 3 | 3 | 3 | 3 | 4 | 4 | 4 | 4 | 4 | 4 | 1 | 1 |
| Y4 | 2 | 2 | 2 | 3 | 3 | 3 | 3 | 3 | 4 | 4 | 4 | 4 | 4 | 4 | 1 | 1 |
| Y5 | 3 | 3 | 3 | 3 | 3 | 3 | 4 | 4 | 4 | 4 | 4 | 4 | 1 | 1 | 1 | 1 |
| Y6 | 3 | 3 | 3 | 3 | 4 | 4 | 4 | 4 | 4 | 4 | 1 | 1 | 1 | 1 | 1 | 1 |
| Y7 | 3 | 3 | 3 | 4 | 4 | 4 | 4 | 4 | 1 | 1 | 1 | 1 | 1 | 1 | 2 | 2 |
| Y8 | 4 | 4 | 4 | 4 | 4 | 4 | 4 | 4 | 1 | 1 | 1 | 1 | 2 | 2 | 2 | 2 |
| Y9 | 4 | 4 | 4 | 4 | 4 | 4 | 1 | 1 | 1 | 1 | 2 | 2 | 2 | 2 | 2 | 2 |
| Y10 | 4 | 4 | 4 | 4 | 4 | 4 | 1 | 1 | 1 | 1 | 2 | 2 | 2 | 2 | 2 | 2 |
| Y11 | 4 | 4 | 1 | 1 | 1 | 1 | 1 | 1 | 2 | 2 | 2 | 2 | 2 | 2 | 3 | 3 |
| Y12 | 4 | 4 | 1 | 1 | 1 | 1 | 2 | 2 | 2 | 2 | 2 | 2 | 3 | 3 | 3 | 3 |
| Y13 | 1 | 1 | 1 | 1 | 1 | 1 | 2 | 2 | 2 | 2 | 3 | 3 | 3 | 3 | 3 | 3 |
| Y14 | 1 | 1 | 1 | 1 | 2 | 2 | 2 | 2 | 2 | 2 | 3 | 3 | 3 | 3 | 4 | 4 |
| Y15 | 1 | 1 | 2 | 2 | 2 | 2 | 2 | 2 | 3 | 3 | 3 | 3 | 3 | 3 | 4 | 4 |
| Y16 | 2 | 2 | 2 | 2 | 2 | 2 | 3 | 3 | 3 | 3 | 3 | 3 | 4 | 4 | 4 | 4 |

图 5-17　16×16 天线单元的相位经过 2 bit 量化后的二维图样

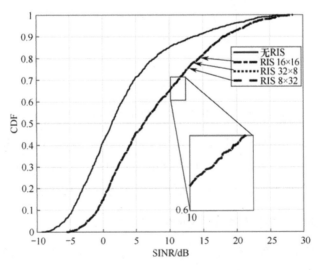

图 5-18　RIS 中继与 UE 都分布在小区边缘时，RIS 面板对不同长宽比的下行 SINR 的 CDF

### 5. RIS 面板下倾角对 UE SINR 的影响

图 5-19 是 RIS 面板在不同下倾角 0°、15°、30°、45°的情形下，当 RIS 中继与 UE 都分布在小区边缘时，下行 SINR 的 CDF。从仿真结果来看，RIS 下倾角为 15°时 CDF 曲线最优。

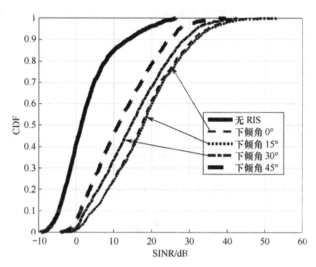

图 5-19　RIS 中继与 UE 都分布在小区边缘时，RIS 面板在不同
下倾角的下行 SINR 的 CDF

下倾角为 15°时最优可以从基站、RIS 面板和 UE 的相对位置大致推算。图 5-20 是下倾角关系示意图。仿真参数中的基站天线高度为 25 m，RIS 面板的高度为 15 m，UE 高度为 1.5 m。站间距为 500 m，即小区半径约为 288 m（500/1.732）。而 RIS 面板分布在 0.95～1.0 倍小区半径范围内，UE 分布在 0.85～0.9 倍小区半径范围内。不难算出基站到 RIS 的俯仰角约为 2°，RIS 到 UE 的角度范围（从 UE 看 RIS 面板中心的俯仰角）为 17°～43°，中位数为 30°。当 RIS 下倾角为 15°时，从基站发来的信号落到 RIS 的入射角（与 RIS 面板法线方向的夹角）大约为 15°，与 RIS 射向 UE 的出射角（15°）大致相当，最有效地利用了 RIS 面板的口径。

### 6. RIS 单元间距对 UE SINR 的影响

图 5-21 是 RIS 单元在 0.8λ×0.5λ、0.4λ×0.4λ 两种间距的情形下，下行 SINR 的 CDF，仿真中每个小区部署 8 个 RIS，每个 RIS 有 1600 个（40×40）

天线单元，RIS 中继部署在小区边缘，UE 在整个小区均匀分布。可以发现，SINR 的 CDF 曲线差别不大，间距大的稍好一些。一个可能的原因是较大的间距意味着较大的 RIS 孔径，使得波束的指向性变强，波束赋形增益变大。但在 RIS 实际部署时，如果硬件制造的复杂度相近，也可以考虑用间距稍小的天线单元，适当扩展波束，有助于覆盖 RIS 周围更多的 UE，从系统性能方面总体权衡。

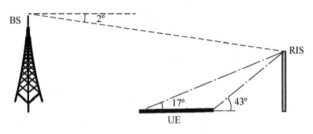

图 5-20　下倾角关系示意图

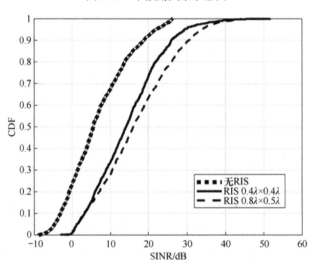

图 5-21　RIS 中继部署在小区边缘，UE 在整个小区均匀分布时，RIS 单元不同间距下的下行 SINR 的 CDF

## 7. RIS 干扰建模对 UE SINR 的影响

考虑邻区基站通过 UE 所服务的 RIS 反射所产生的干扰，图 5-22 显示了这部分干扰对整个系统性能的影响。仿真中假定是 RIS 中继部署在小区边缘，UE 在整个小区内均匀分布，每个扇区有 8 个 RIS 中继，每个 RIS 的天线单元数是 256 个（16×16）。从这个仿真结果看，邻区基站通过所服务的 RIS 反射过来的干扰非常小。

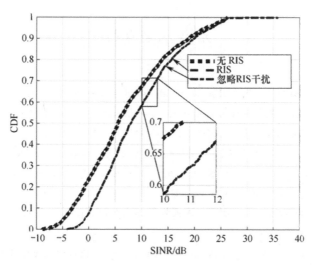

图 5-22　RIS 中继部署在小区边缘，UE 在整个小区均匀分布时，
RIS 不同干扰建模下的下行 SINR 的 CDF

因为这里系统仿真以 LOS 径为主，以上干扰建模影响不大的原因可以从 RIS 的波束宽度来解释。当 RIS 的天线单元数为 256 个（16×16）时，波束宽度为 7.4°；当天线单元数增大至 1600 个（40×40）时，波束宽度只有 2.6°。较窄的波束大大降低了 RIS 波束产生干扰的概率。

## 5.4　本章小结

本章从链路级和系统级的角度给出了 RIS 的性能评估结果，探讨了各种情况下，包括不同的 RIS 部署位置、UE 位置、RIS 的单元数、RIS 面板数、RIS 量化精度、RIS 面板形状、RIS 单元间距的影响，还进行了 RIS 波束扫描与 UE 波束赋形的比较以及 RIS 对 UE SINR 的干扰建模。仿真结果证明了在无线网络中部署 RIS 可以显著提高系统的性能，对整个系统的干扰较小。

# 本章参考文献

[1] TANG W, CHEN M Z, CHEN X, et al. Wireless communications with reconfigurable intelligent surface: Path loss modeling and experimental measurement[J]. IEEE Transactions on Wireless Communications, 2020, 20(1): 421-439.

[2] ELLINGSON S W. Path loss in reconfigurable intelligent surface-enabled channels[J]. IEEE 32nd Annual International Symposium on Personal, Indoor and Mobile Radio Communications (PIMRC), 2021: 829-835.

[3] 顾琪，苏鑫，吴丹，等. 智能超表面性能仿真与测试[J]. 无线电通信技术，2022，48(2): 297-304.

[4] GU Q, WU D, SU X, et al. System-level Simulation of Reconfigurable Intelligent Surface assisted Wireless Communications System[C]. 2022 IEEE Global Communications Conference (GLOBECOM), 2022: 1540-1545.

# 第6章 初步外场测试验证

为了探索 RIS 的实际性能和应用场景以及室内外部署可能面临的问题，中国移动联合东南大学崔铁军院士团队、杭州钱塘信息有限公司于 2021 年 6 月在南京完成了面向 5G 现网环境下的电磁单元器件可调、波束方向可灵活控制的 RIS 新技术可行性的测试验证[1]。6.1 节和 6.2 节介绍了在南京外场 5G 商用网络中开展的 RIS 中继的外场验证情况，对测试环境、系统参数和验证结果进行了比较详细的描述和分析。

中国移动与华为和香港中文大学深圳分校于 2022 年 7—10 月在深圳进行了 5G 现网的 RIS 测试，采用数据驱动的"盲波束赋形"方法，验证了该算法对地下停车场和复杂干扰等场景的系统性能的提升作用，这部分内容在 6.3 节和 6.4 节中详细介绍。

## 6.1 南京测试场景与参数设置

外场测试的全景俯视图如图 6-1 所示，包含了塔下阴影、室外覆盖室内、室外遍历和 RIS 不同部署位置 4 个测试场景，其中塔下阴影和室外覆盖室内在同一块区域，如图 6-1 中的左上侧方框。部署位置测试的区域如图 6-1 中的右上侧方框，这三个测试场景都在一个扇区里，其基站的天线方向如图中左上侧朝向右边的扇形所示。室外遍历场景如图 6-1 中的左下侧方框，这块区域是由另一个基站的扇区来服务的，其天线方向如图中左下侧朝向左下方的扇形所示。以上测试场景中所涉及的基站有两个，均为室外站，分别是位于玻璃幕墙写字楼 13 层的基站和位于密集城区的杆站。

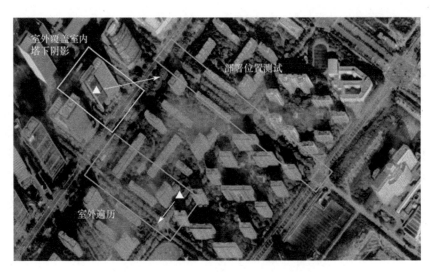

图 6-1　RIS 中继外场测试的全景俯视图

图 6-1 中的两个测试基站的基本配置如表 6-1 所示，相应测试小区的基本配置如表 6-2 所示。

表 6-1　测试基站的基本配置

| 测 试 场 景 | 基站类型 | 发射功率 | RRU 类型 | 安装下倾角 | 安装方位角 | 天线高度 |
|---|---|---|---|---|---|---|
| 塔下阴影、室外覆盖室内、RIS 不同部署位置 | 室外站 | 327 W | 64 通道 | 9°/10° | 60° | 46 m |
| 室外遍历 | 室外站 | 327 W | 64 通道 | 6°/ 3° | 200° | 10 m |

表 6-2　测试小区的基本配置

| 测 试 场 景 | 扇区号 | 下 行 频 点 | 下行带宽 | 物理小区标识 | 双工方式 | 时隙配比 |
|---|---|---|---|---|---|---|
| 塔下阴影、室外覆盖室内、RIS 不同部署位置 | 1 | n41 （2515～2675 mHz） | 100 mHz | 301 | TDD | 8：2 |
| 室外遍历 | 2 | n41 （2515～2675 mHz） | 100 mHz | 13 | TDD | 8：2 |

测试中的 RIS 面板的尺寸为 1.6 m×0.8 m，单元数为 32×16 = 512（个），输入电压为 24 V，额定功率为 3～4 W。图 6-2 是测试中的 RIS 面板的外观图。RIS 面板的扫描角配置如表 6-3 所示。调相精度为 1 bit，采用点控方式。

图 6-2　测试中的 RIS 面板的外观图

表 6-3　RIS 面板的扫描角配置

| 水平/垂直入射角 | 水平/垂直出射角 | 水平波瓣宽度 | 垂直波瓣宽度 |
| --- | --- | --- | --- |
| 0° | ±45° | 7° | 3.5° |
| 15° | −30°～−60° | — | — |
| 30° | −15°～−75° | — | — |
| 45° | 0°～−75° | 7° | 5.3° |
| 60° | 0°～−60° | — | — |

在测试验证中，参考信号接收功率（Reference Signal Received Power，RSRP）和信干噪比（Signal to Interference plus Noise Ratio，SINR）均是基于 5G NR 的下行同步信号（Synchronization Signal Block, SSB）进行测量的，而下行吞吐量是物理下行共享信道（Physical Downlink Shared Channel，PDSCH）的传输速率。

### 6.1.1　塔下阴影

由于受到基站天线下倾角和天线方向图的限制，在基站塔下方往往会存在弱覆盖区域，即"塔下阴影"区域。通过在主测小区内信号较好的点位架设 RIS，调整 RIS 面板参数，使其可以将来自基站信号反射至塔下阴影区域，对比架设反射面前后该区域内 UE 的 RSRP、SINR、吞吐量等指标的累积分布函数（Cumulative Distrbution Function，CDF）的差异，考察 RIS 改善塔下阴影区域覆盖的总体效果，对能否满足塔下阴影区域 UE 的高速率业务需求进行验证。

图 6-3 是塔下阴影场景的俯视图和街景图。标注的三角形的地方是基站的大致位置，位于写字楼的第 13 层，高度约为 46 m。RIS 面板放置于楼下大道的街边，与基站的直线距离大约 120 m。能将基站发来的信号反射至楼下的塔下阴影区域，这块阴影区域距离基站 20～140 m。根据与基站的视距，可以确定从基站方向入射到 RIS 面板的俯仰角和方位角。根据塔下阴影区域相对于 RIS 面板的位置，可以估算反射波束的出射俯仰角（$\theta$）和方位角（$\varphi$）。由于 RIS 面板垂直方向和水平方向的单元数不同，而且入射/出射的俯仰角和方位角也有很大差别，所以反射波束的主瓣宽度在垂直方向和水平方向上有一定的差别。在塔下阴影这个场景，基站天线相对于 RIS 有较高的高度，俯仰角较大。为增大整个 RIS 面板的有效孔径，对面板进行了一定角度的物理上仰。塔下阴影场景的波束角度参数如表 6-4 所示。

图 6-3　塔下阴影场景的俯视图和街景图（有 RIS 面板）

表 6-4　塔下阴影场景的波束角度参数

| 入 射 方 向 | | 出 射 方 向 | | 波 束 宽 度 | | 面板上仰角 |
|:---:|:---:|:---:|:---:|:---:|:---:|:---:|
| $\theta$ | $\varphi$ | $\theta$ | $\varphi$ | 水平方向 | 垂直方向 | 5° |
| −28° | −30° | −24° | 10° | 10° | 8° | |

塔下阴影场景的 RIS 面板反射波束方向图如图 6-4 所示。可以看出，由于 1 bit 相位量化精度，反射波束方向图具有明显的栅瓣。

图 6-4　塔下阴影场景的 RIS 面板反射波束方向图

## 6.1.2　室外覆盖室内

由于受到建筑钢筋混凝土墙体、玻璃幕墙、铝合金建材等因素的影响，电磁信号在传播过程中衰减严重，故通常情况下，室内会是一种典型的弱覆盖场景。而 RIS 可对反射波束形状进行调控，进行波束汇聚，增强穿透性，实现提升室内覆盖的作用。本测试选择室内弱覆盖场景，比较 RIS 前后室内多个定点信道传输性能的差异，考察 RIS 在室外覆盖室内场景下的总体效果。

本测试选择的室内场景在一栋玻璃幕墙写字楼内，在楼内选择多个定点进行稳定传输测试，图 6-5 是室外向室内覆盖场景的宏观俯视图、街景图和从室内窗口对 RIS 的俯视图，与塔下阴影场景类似，标注三角形的地方是同一个基站的大致位置。RIS 面板架设于大楼下方道路的对侧，但更靠近大楼，基站与 RIS 为视距传输路径，二者直线距离约为 65 m，目的是将基站发来的信号反射至中低楼层的室内办公和商业区域。与塔下阴影场景类似，基站天线相对于 RIS 有较高的高度，俯仰角较大。为增大整个 RIS 面板的有效孔径，对该面板进行了一定角度的上仰。基站方向入射到 RIS 面板的俯仰角和方位角、

反射波束的出射俯仰角和方位角，以及 RIS 面板上仰角等室外覆盖室内场景
的波束角度参数如表 6-5 所示。室外覆盖室内场景的 RIS 面板反射波束方向图
如图 6-6 所示。根据 RIS 反射波瓣宽度测算，RIS 反射面有效覆盖 4 层楼高，
故测试区域为楼宇二层、四层，二层为办公区域，四层为楼内超市。根据文献
可知，玻璃幕墙穿透损耗的均值为 6～7 dB。

图 6-5　室外覆盖室内场景的宏观俯视图、街景图和从室内窗口对 RIS 的俯视图

表 6-5　室外覆盖室内场景的波束角度参数

| 入 射 方 向 | | 出 射 方 向 | | 波 束 宽 度 | | 面板上仰角 |
|---|---|---|---|---|---|---|
| $\theta$ | $\varphi$ | $\theta$ | $\varphi$ | 水平方向 | 垂直方向 | 5° |
| −24° | −34° | −36° | 2° | 9° | 6° | |

图 6-6　室外覆盖室内场景的 RIS 面板反射波束方向图

图 6-7 是室外覆盖室内场景的二层室内布局图和各区域（分别为会议室、办公室和工作室）实景，以及 4 层超市的实景图。图上标注的数字为测试地点的编号。

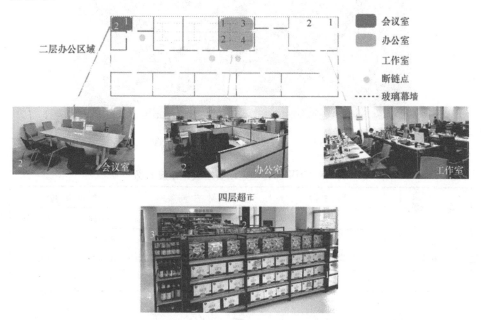

图 6-7　室外覆盖室内场景的二层室内布局图和各区域实景，以及 4 层超市的实景图

### 6.1.3　RIS 部署位置

因为 RIS 的反射特性，在实际应用过程中，RIS 部署位置对其反射性能的影响有着密切的联系，本测试场景考察了 RIS 不同部署位置（靠近、远离基站）对单用户性能的影响，为后续的 RIS 应用及部署位置的选择提供支撑。

图 6-8 是 RIS 部署位置场景的俯视图，与塔下阴影场景采用的是同一个基站（高楼的三角形处）。RIS 面板放置于方框内的大街上，从近到远依次位于三个圆点上，距离基站的直线距离分别为 240 m、325 m 和 410 m。基站方向入射到 RIS 面板的俯仰角和方位角、反射波束的出射俯仰角和方位角等 RIS 不同部署位置场景的波束角度参数如表 6-6 所示。RIS 不同部署位置场景的 RIS 面板反射波束方向图如图 6-9 所示。

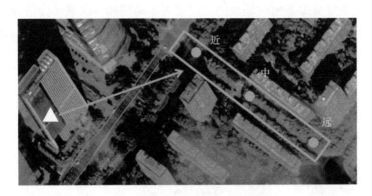

图 6-8　RIS 部署位置场景的俯视图

**表 6-6　RIS 部署位置场景的波束角度参数**

| 距　离 | 入射方向 | | 出射方向 | | 波束宽度 | |
|---|---|---|---|---|---|---|
| | $\theta$ | $\varphi$ | $\theta$ | $\varphi$ | 水平方向 | 垂直方向 |
| 近 | 40° | 12° | −40° | −12° | 8.6° | 5° |
| 中 | 50° | 7° | −50° | −7° | 10.2° | 4.5° |
| 远 | 50° | 4.5° | −50° | −4.5° | 10.5° | 4.5° |

图 6-9　RIS 部署位置场景的 RIS 面板反射波束方向图

### 6.1.4　室外遍历

RIS 能够对反射波束和波束形状进行灵活控制，因此可以被用于补盲、提升小区边缘覆盖等场景。基于此，室外遍历测试选择在密集城区内开展，针对覆盖交叉的小区，比较部署 RIS 前后，UE 在小区内进行遍历的各项指标差异，考察部署 RIS 后对基站覆盖范围的提升效果。

图 6-10 是室外遍历场景的俯视图和街景图。本测试选择了密集城区中一处杆站，标注三角形的地方是基站的位置，挂高 10 m，由于主测小区内存在

高楼遮挡，杆站信号覆盖范围受限（与杆站所处道路相垂直的另一条道路基本为弱覆盖区域）。将 RIS 部署在距离杆站 70 m 的十字路口处，接收来自杆站的信号（杆站与 RIS 之间有树木遮挡），反射至另一条在本小区内的弱覆盖道路，在部署 RIS 前后，UE 分别在此弱覆盖道路上匀速进行遍历测试。基站方向入射到 RIS 面板的俯仰角和方位角，反射波束的出射俯仰角和方位角等室外遍历场景的波束角度参数如表 6-7 所示。室外遍历场景的 RIS 面板反射波束方向图如图 6-11 所示。

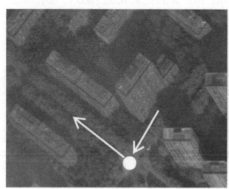

图 6-10　室外遍历场景的俯视图和街景图

表 6-7　室外遍历场景的波束角度参数

| 入 射 方 向 | | 出 射 方 向 | | 波 束 宽 度 | |
|---|---|---|---|---|---|
| $\theta$ | $\varphi$ | $\theta$ | $\varphi$ | 水平方向 | 垂直方向 |
| 39° | 2° | −25° | 2° | 9° | 8.7° |

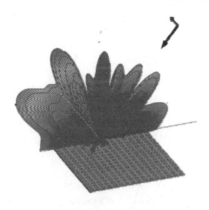

图 6-11　室外遍历场景的 RIS 面板反射波束方向图

## 6.2 南京测试结果

### 6.2.1 塔下阴影测试结果

图 6-12 是塔下阴影场景的 RSRP 在无 RIS 和部署 RIS 后的 CDF 对比。可以看出，RIS 的部署使得−90 dBm≤RSRP≤−60 dBm 的路段明显增多，包括写字楼后侧的性能提升也较为明显，但此区域内 UE 与 RIS 为非视距传输路径，该现象产生的原因是附近障碍物的存在形成了丰富的折射衍射场景，使得 RIS 反射的基站下行信号可被该区域内的 UE 接收。图 6-13 是塔下阴影场景的 RSRP 在无 RIS 和部署 RIS 后的 CDF 对比。对于覆盖较弱的路测点（RSRP＜−90 dBm），RSRP 的提升十分明显，边缘 UE 平均提高 4.03 dB，UE 平均 RSRP 覆盖提高 3.8 dB。

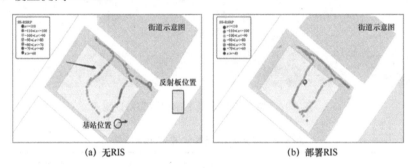

(a) 无RIS    (b) 部署RIS

图 6-12　塔下阴影场景的 RSRP 在无 RIS 和部署 RIS 后的打点图对比

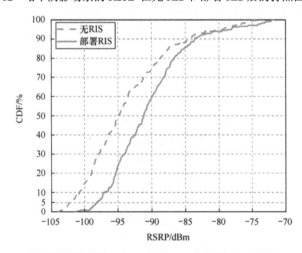

图 6-13　塔下阴影场景的 RSRP 在无 RIS 和部署 RIS 后的 CDF 对比

　　图 6-14 是塔下阴影场景的 SINR 在无 RIS 和部署 RIS 后的打点图对比。可以看出，RIS 的部署对 SINR 没有明显的影响，分析其原因可能是 RIS 在反射基站信号的同时同步放大了邻区的干扰信号所致。图 6-15 是塔下阴影场景的下行吞吐量在无 RIS 和部署 RIS 后的打点图对比。可以看出，RIS 的部署对下行吞吐量有一定的性能增强，UE 平均吞吐量增加约 17.5 Mbps，提升约 19%。与基于下行同步信号测量出的 SINR 不同，下行吞吐量反映的 PDSCH 的速率就是 PDSCH 的信干噪比，而基站对 PDSCH 通常采用更为灵活的 UE 专用的预编码，而不是同步信号的固定波束扫描，调度器能够采用一些策略来规避邻区干扰（即使当基站并不知道有 RIS 部署的情形），因此 PDSCH 信道所受的邻站经 RIS 反射造成的干扰会相对较小。

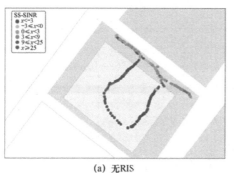

(a) 无RIS　　　　　　　　　　　　　(b) 部署RIS

图 6-14　塔下阴影场景的 SINR 在无 RIS 和部署 RIS 后的打点图对比

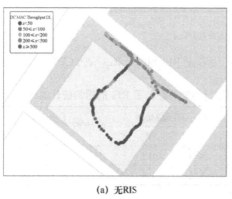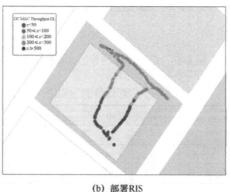

(a) 无RIS　　　　　　　　　　　　　(b) 部署RIS

图 6-15　塔下阴影场景的下行吞吐量在无 RIS 和部署 RIS 后的打点图对比

　　图 6-16 是塔下阴影场景的 SINR 和下行吞吐量在无 RIS 和部署 RIS 后的 CDF 对比。塔下阴影场景的 RSRP、SINR 和下行吞吐量在部署 RIS 前后的统

计对比如表 6-8 所示。

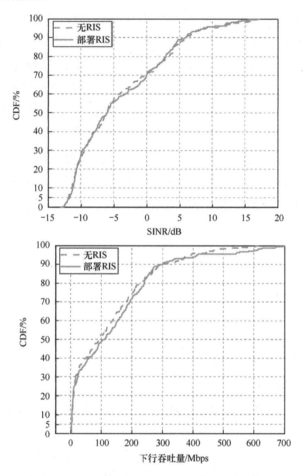

图 6-16　塔下阴影场景的 SINR 和下行吞吐量在无 RIS 和部署 RIS 后的 CDF 对比

表 6-8　塔下阴影场景的 RSRP、SINR 和下行吞吐量在部署 RIS 前后的统计对比

| | RSRP/dBm | | SINR/dB | | 下行吞吐量/Mbps | | 下行 MCS | PDSCH 误块率 / % |
|---|---|---|---|---|---|---|---|---|
| | 5% | 50% | 5% | 50% | 5%S | 50% | | |
| 无 RIS | −102.2 | −94.9 | −11.9 | − 6.3 | 4.75 | 91.5 | 11.6 | 11.1 |
| 部署 RIS | −98.2 | −91.1 | −11.7 | − 6.0 | 3.25 | 109 | 12.5 | 11.0 |

### 6.2.2　室外覆盖室内测试结果

室外覆盖室内场景的 RSRP、SINR 和下行吞吐量在部署 RIS 前后的对比如表 6-9 所示。在测试过程中可以发现，当 UE 位于室内钢筋混凝土结构的墙

体后面时，UE 无法接收到基站侧所发射的下行信号，由此可见，该测试版本的 RIS 室外向室内覆盖穿透能力较弱，虽然能穿透一堵玻璃幕墙，但无法再继续穿透室内环境的一堵内墙。记录能接收到下行信号的各定点稳定传输 1 min 的各项数据并求平均值可得到数据。部署 RIS 后，大部分定点的 RSRP、SINR、速率均有提升，在经玻璃幕墙损耗后，RSRP 仍有 3～17 dB 的提升，平均各点提高 10 dB；速率提升 5～137 Mbps 不等，平均各点提升 78.19 Mbps；各定点提升差异大，或者受信号波动及 RIS 的覆盖范围有限所致；但由于室内整体覆盖情况较差，测试场景基础电平较低（部署 RIS 后，约为-100 dB），且内墙穿透损耗在 15 dB 以上，尚无法穿透；二楼工作室位于大楼最右侧，因偏离 RIS 反射面水平覆盖的最大距离，故无明显增益变化。在实测中，RIS 垂直、水平覆盖范围均较窄，对反射波束进行调整后，覆盖范围会进一步提升。

表 6-9  室外覆盖室内场景的 RSRP、SINR 和下行吞吐量在部署 RIS 前后的对比

| 测 试 地 点 | 无 RIS | | | 部署 RIS | | | 吞吐量提高百分比/% |
|---|---|---|---|---|---|---|---|
| | RSRP/dBm | SINR/dB | 下行吞吐量/Mbps | RSRP/dBm | SINR/dB | 下行吞吐量/Mbps | |
| 二楼会议室定点 1 | −108.3 | 1.57 | 67.9 | −98.3 | 3.45 | 92.9 | 37 |
| 二楼会议室定点 2 | −109.3 | 4.34 | 70.2 | −99.3 | 5.07 | 142.1 | 102 |
| 二楼办公室定点 1 | −104.5 | −2.96 | 109.7 | −97.0 | 1.15 | 247. | 126 |
| 二楼办公室定点 2 | −110.4 | −1.10 | 70.7 | −100.6 | 5.32 | 155.4 | 120 |
| 二楼办公室定点 3 | −111.5 | −2.87 | 58.7 | −97.8 | 4.69 | 127.4 | 118 |
| 二楼办公室定点 4 | −102.3 | 3.46 | 132.6 | −98.4 | 4.63 | 137.7 | 4 |
| 二楼工作室定点 1 | −100.3 | 1.95 | 64.3 | −102.3 | 1.82 | 50.9 | −20 |
| 二楼工作室定点 2 | −104.9 | 3.01 | 54.4 | −101.4 | 0.25 | 63.6 | 17 |
| 四楼超市定点 1 | −109.4 | −0.24 | 64.4 | −92.4 | 6.21 | 161.6 | 151 |
| 四楼超市定点 2 | −106.4 | 2.51 | 71.1 | −102.6 | 1.75 | 207.7 | 192 |
| 四楼超市定点 3 | −114.6 | −0.75 | 47.7 | −102.4 | −1.67 | 134.2 | 181 |
| 四楼超市定点 4 | −114.2 | −4.24 | 71.7 | −102.6 | 2.17 | 144.4 | 101 |

### 6.2.3  RSRP 位置测试结果

图 6-17 是 RIS 位置场景的 RSRP 在无 RIS 和近、中、远部署 RIS 后的打点图对比。

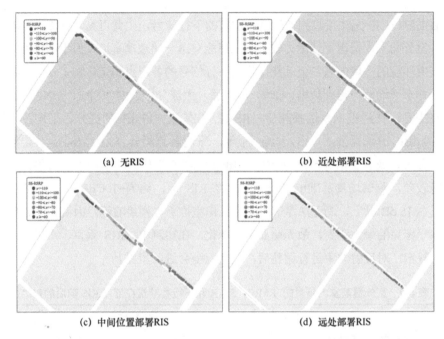

(a) 无RIS　　　　　　　　　　　　(b) 近处部署RIS

(c) 中间位置部署RIS　　　　　　　　(d) 远处部署RIS

图 6-17　RIS 位置场景的 RSRP 在无 RIS 和近、中、远部署 RIS 后的打点图对比

图 6-18 是 RIS 不同位置场景的 RSRP 在无 RIS 和近、中、远部署 RIS 后的 CDF 对比。部署 RIS 后，RSRP 有较为明显的提升。RIS 部署位置靠近基站，或者远离基站时，边缘 UE 以及 UE 平均的 RSRP 覆盖性能均优于 RIS 部署位于中间的位置。

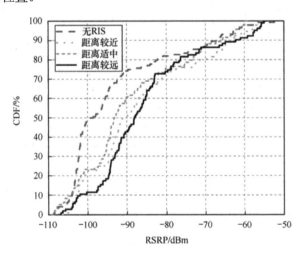

图 6-18　RIS 位置场景的 RSRP 在无 RIS 和近、中、远部署 RIS 后的 CDF 对比

图 6-19 是 RIS 位置场景的 SINR 在无 RIS 和近、中、远部署 RIS 后的打点图对比。

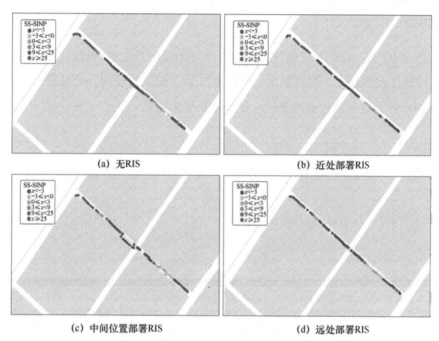

(a) 无RIS

(b) 近处部署RIS

(c) 中间位置部署RIS

(d) 远处部署RIS

图 6-19　RIS 位置场景的 SINR 在无 RIS 和近、中、远部署 RIS 后的打点图对比

图 6-20 是 RIS 位置场景的 SINR 在无 RIS 和近、中、远部署 RIS 后的

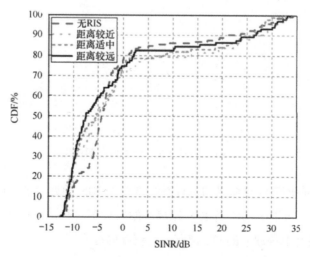

图 6-20　RIS 位置场景的 SINR 在无 RIS 和近、中、远部署 RIS 后的 CDF 对比

CDF 对比。部署 RIS 后，SINR 的变化趋势不是很明显。在高 SINR 时，增益较为明显；但在低 SINR 时，增益不十分明显。邻区固定波束的干扰可能是其中的一个原因。

图 6-21 是 RIS 不同位置场景的下行吞吐量在无 RIS 和近、中、远部署 RIS 后的打点图对比。可以看出，部署 RIS 后，测试路段的吞吐量有一定程度的增加，对于吞吐量较低的路段，提升效果更为明显。

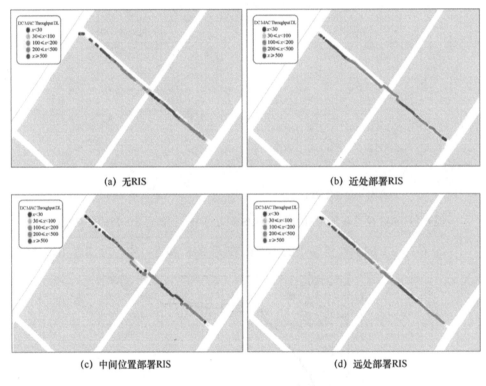

(a) 无RIS            (b) 近处部署RIS

(c) 中间位置部署RIS        (d) 远处部署RIS

图 6-21　RIS 位置场景的下行吞吐量在无 RIS 和
近、中、远部署 RIS 后的打点图对比

图 6-22 是 RIS 位置场景的下行吞吐量在无 RIS 和近、中、远部署 RIS 后的 CDF 对比。可以看出，当 RIS 距离基站较近部署时，下行吞吐量无论对小区边缘 UE 还是中等速率的 UE 都有一定程度的提升。

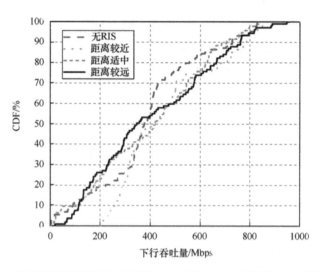

图 6-22　RIS 位置场景的下行吞吐量在无 RIS 和近、中、远部署 RIS 后的 CDF 对比

### 6.2.4　室外遍历测试结果

图 6-23 是室外遍历场景的 RSRP 在无 RIS 和部署 RIS 后的打点图对比。可以看出，在信号覆盖较好的区域（RSRP > −80 dBm），部署 RIS 前后，各项性能指标均没有明显的变化；在信号覆盖较差的区域（RSRP < −90 dBm），部署 RIS 后的 RSRP 明显好于无 RIS 的情况。此外，测试数据表明：部署 RIS 对小区边缘 UE 影响明显，RSRP 提升约 3.3 dB，相比之下，对 UE 均值的增益影响不是很明显，UE 均值 RSRP 仅提升约 1.25 dB。室外遍历场景的 RSRP 在无 RIS 和部署 RIS 后的 CDF 对比如图 6-24 所示。

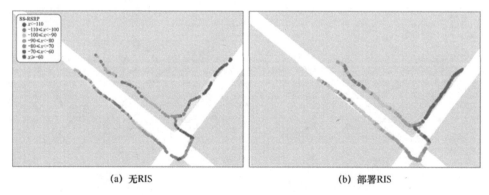

(a)　无RIS　　　　　　　　　　　　　　(b)　部署RIS

图 6-23　室外遍历场景的 RSRP 在无 RIS 和部署 RIS 后的打点图对比

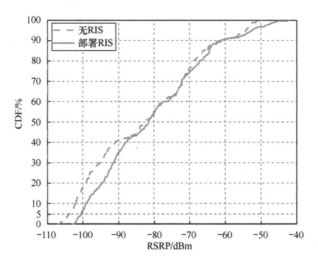

图 6-24  室外遍历场景的 RSRP 在无 RIS 和部署 RIS 后的 CDF 对比

图 6-25 是室外遍历场景的 SINR 在无 RIS 和部署 RIS 后的打点图对比。注意，RIS 的部署对 SINR 的影响效果是比较错综复杂的：在低 SINR 时，增益变化较为明显，但在高 SINR 时，增益变化不十分明显。一个可能的原因是，SINR 是通过下行同步信号估计的，而同步信号采用的是固定波束扫描，比较易受邻站的干扰，包括从邻站经 RIS 反射形成的干扰。图 6-26 是室外遍历场景的下行吞吐量在无 RIS 和部署 RIS 后的打点图对比。可以看出 RIS 的部署对下行吞吐量有一定的性能增强。图 6-27 是室外遍历场景的 SINR 和下行吞吐量在无 RIS 和部署 RIS 后的 CDF 对比。

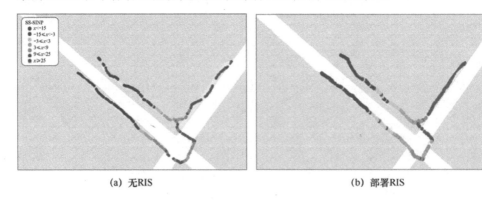

(a) 无RIS                    (b) 部署RIS

图 6-25  室外遍历场景的 SINR 在无 RIS 和部署 RIS 后的打点图对比

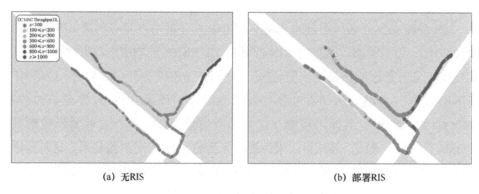

(a) 无RIS　　　　　　　　　　　　　(b) 部署RIS

图 6-26　室外遍历场景的下行吞吐量在无 RIS 和部署 RIS 后的打点图对比

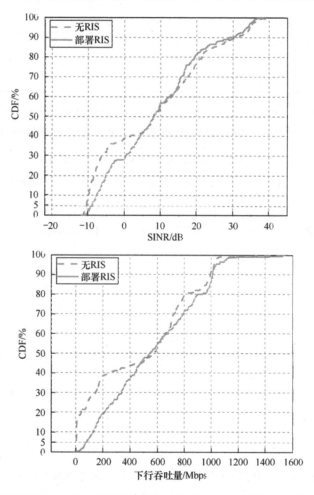

图 6-27　室外遍历场景的 SINR 和下行吞吐量在无 RIS 和部署 RIS 后的 CDF 对比

表 6-10 是室外遍历场景的 RSRP、SINR 和下行吞吐量在部署 RIS 前后的统计对比。可以看出，这里的 RIS 部署对 UE RSRP 的均值增益影响不明显，但对边缘 UE 的影响还是比较明显的：边缘 UE RSRP 提升约 3.3 dB，边缘 UE SINR 提升 1.5 dB。边缘吞吐量提升尤为显著，比无 RIS 时提高了约 79 Mbps，近 18 倍。其原因可能与前面几个场景类似，下行吞吐量反映的是 PDSCH 的信干噪比，基站可以采用更为灵活的 UE 专用的预编码，这与同步信号的固定波束扫描不同，后者难以规避邻区干扰，UE 看到的 SINR（基于同步信号的估计），收到的邻站经 RIS 反射的干扰较高。

表 6-10　室外遍历场景的 RSRP、SINR 和下行吞吐量在部署 RIS 前后的统计对比

| | RSRP/dBm | | SINR/dB | | 下行吞吐量/Mbps | | 下行 MCS | PDSCH 误块率/% |
|---|---|---|---|---|---|---|---|---|
| | 5% | 50% | 5% | 50% | 5% | 50% | | |
| 无 RIS | −103.7 | −82.8 | −10.4 | −8.1 | 4.5 | 572 | 14.7 | 9.3 |
| 部署 RIS | −100.4 | −81.6 | −8.9 | −7.9 | 83.5 | 546 | 16.3 | 6.6 |

为了考察 RIS 对小区覆盖范围的提升效果，在该测试场景下还进行了锁定主小区索引（Physical Cell Indicator，PCI）孤站拉远测试，即在同一路线同一基站下，部署 RIS 前后，携带 UE 分别移动至断链处，比较两次 UE 所处的断链脱网位置，考察部署 RIS 后对基站覆盖范围的提升效果。图 6-28 是室外拉远场景的 RSRP 在无 RIS 和部署 RIS 后的打点图。注意，RIS 的部署对 RSRP 的影响。

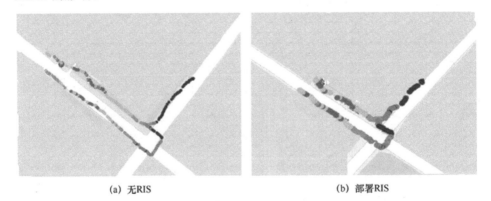

(a) 无RIS　　　　　　　　(b) 部署RIS

图 6-28　室外拉远场景的 RSRP 在无 RIS 和部署 RIS 后的打点图

室外拉远场景的 RSRP 在部署 RIS 前后与距离的关系如图 6-29 所示。

可以看出，在没有部署 RIS 时，锁定 PCI，沿城市道路向西北方向拉远测试，最大覆盖距离约为 150 m。部署 RIS 后，重复拉远测试，最大拉远距离为 210 m，延伸约 60 m。在与基站距离相同的位置，部署 RIS 前后的 RSRP 有 3～19 dBm 的差值。

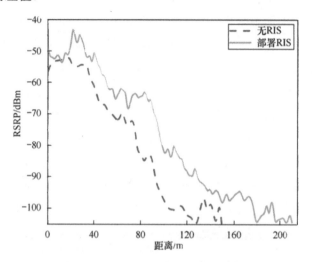

图 6-29　室外拉远场景的 RSRP 在部署 RIS 前后与距离的关系

## 6.3　深圳测试场景与参数设置

无线传播环境十分复杂。特别是在城市中，高层居民楼、写字楼、商场及工业园区、隧道、地下停车场等场景，受限于物业协调原因、投资回报率及信号拐弯等问题，很难形成完整的无线网络覆盖。路面信号杂乱、优化困难等，导致手机无信号或质量差，给用户使用造成不便。深圳测试所选取的场景体现了无线传播的复杂性，以及多基站部署时的信号严重干扰问题。所验证的是盲波束赋形算法，其算法原理和初步性能仿真已在本书 4.2.2 节进行了详细描述。总的来讲，盲波束赋形不需要改变基站协议，不需要与基站交互，不需要解析链路信道，也不需要高成本的信号处理单元。

图 6-30 是基于盲波束赋形的外场测试系统原理图，室外宏站与 RIS 面板以及 RIS 面板与 UE 之间的通信都是采用 5G 标准的空口协议，参与测试的室外宏站与 UE 都是商用产品，其中的测试 UE 为 Mate 40 Pro，上行发射天线数为 4 根，载波频率为 2.6 GHz。RIS 面板可以拆分，每一块板上共有 4×4 = 16 个单元。单元间距大于半波长，4 个单元长约 0.5 m。图 6-31 是分别由 4×4 = 16（块）、3×3 = 9（块）、2×2 = 4（块）和 1×1=1（块）拼成的 2×2 = 4（m²）、1.5×1.5 = 2.25（m²）、1×1 = 1（m²）和 0.5×0.5 = 0.25（m²）的 RIS 面板。每个单元的相位可以 2 bit 调控，即 $\{1, e^{j\pi/2}, e^{j\pi}, e^{j3\pi/2}\}$，单极化方向。RIS 控制器为现场可编程门阵列（FPGA），支持 256 路电路独立控制。RIS 反射板及其控制器的总功耗为 30～40 W。

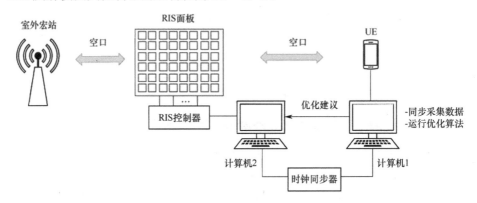

图 6-30　基于盲波束赋形的外场测试系统原理图

(a) 4×4（块），面积为2×2=4（m²）　　(b) 3×3（块），面积为1.5×1.5=2.25（m²）

图 6-31　测试系统中使用的可拆分 RIS 面板

(c) 2×2（块），面积为1×1 =1（m²）　　　(d) 1×1（块），面积为0.5×0.5 =0.25（m²）

图 6-31　测试系统中使用的可拆分 RIS 面板（续）

UE 的相关性能指标经采样由与之相连的计算机 1 进行收集，在该计算机中运行相位优化算法，得出优化建议并发给与 RIS 控制器相连的计算机 2，该计算机将优化的相位编译为 RIS 控制器的指令格式，然后发给 RIS 控制器，最后 RIS 控制器把相位调整指令转化成为 RIS 单元的驱动电流，形成相应的波束。UE 与 RIS 面板之间通过时钟同步器来保证 RIS 面板的每一组相位与测得的性能指标在时间上的一一对应。

## 6.3.1　信号增强场景

这个场景是对大润发地下停车场进行 RIS 算法和性能验证，其周边示意图如图 6-32 所示。

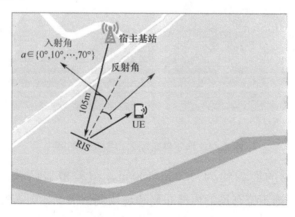

图 6-32　信号增强场景（地下停车场）的周边示意图

宿主基站的站点架设在主干道旁的高楼楼顶，高度约 31 m，与 RIS 反射板保持视距传输，RIS 面板的安装位置（见图 6-33 图中矩形框）与基站站点的直线距离约为 105 m，RIS 反射板接收到的宿主站的信号强度为−58～−60 dBm，SINR 大约为 30 dB。

(a) 从RIS拍摄宿主基站　　　　　　　　　　(b) RIS反射板的安装位置

图 6-33　从 RIS 拍摄宿主基站和 RIS 反射板的安装位置

目标是地下停车场，其入口图和内部图如图 6-34 所示。选择停车场作为目标区域的原因是：（1）未部署室分系统，5G 弱覆盖，整体区域有面积较大的无严重遮挡区域，以方便测试及覆盖范围研究；（2）区域有合适的信号入口，并且入口附近存在合适的 RIS 反射板部署点——宿主站可视，RIS 部署位置接近宿主基站天线的主瓣覆盖方向。

(a) 入口图　　　　　　　　　　　　　　　(b) 内部图

图 6-34　地下停车场入口图和内部图

地下停车场的面积约为 150 m×100 m，最差覆盖区域的 RSRP 约为−110 dBm，整个地下停车场的内部布局和现场测试情况如图 6-35 所示。

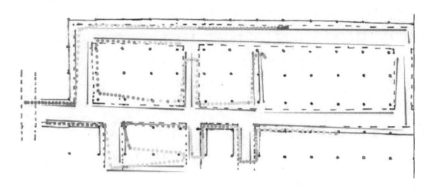

图 6-35 地下停车场的内部布局和现场测试情况

第一组和第二组的测试都是最佳入射角的测试，其中第一组是 UE 的定点测试，UE 所处的位置如图 6-32 所示，距离 RIS 反射板约 49 m。注意，最佳入射角在这里是通过盲波束赋形的结果判断出来的，而不是根据定点 UE 与 RIS 反射板的几个地理位置通过理论计算而得的。第一组和第二组的测试步骤如下。

第一步：不使用 RIS 反射板，测试 UE 进行定点及步测，进行 FTP 下载和上传，分别记录测试结果。

第二步：

（1）使用 RIS 反射板，调整小区信号方位角与 RIS 反射板的夹角（这里称入射角）为20°。

（2）未通电改变相位（类似镜面反射），测试 UE 进行定点及步测，进行 FTP 下载和上传；RIS 随机运行相位（原理见本书 4.2.2 节），测试 UE 进行定点及步测，进行 FTP 下载和上传。

（3）借助基于盲波束赋形算法的 CondMean+相位寻优算法，基本原理如本书 4.2.2 节所述，测试 UE 进行定点及步测，进行 FTP 下载和上传。

第三步：使用 RIS 反射板，调整小区信号与该板之间的入射角 $\theta$ 分别为20°、30°、40°、50°、60°、70°、80°和 90°，然后重复第二步的（1）、（2）和（3）步骤，分别记录测试结果。

在这几个步骤中完成各项数据记录，包括记录测试过程中的各项测试数据和网管跟踪数据，关注上下行 RSRP、SINR 以及数据传输速率等的变化，用于有效评估性能的增益。对于一大块具有 256 个 RIS 单元的 RIS 反射板，当每个单元有 4 种相位的可能性时，所有的相位空间集合为 $4^{256}$，大约是 $1.34 \times 10^{154}$，它过于巨大，无法遍历。在测试过程中，对于每一个入射夹角 $\theta$，进行 2000 个（根据本书 4.2.2 节的 $T > 10 \times N$，其中 $N$ 是 RIS 单元数，$T$ 是采样数目）随机采样，从而采集现网的实际环境信息，每一次采样对应于一组 RIS 单元相位权值。基于这些相对少量的样本，采用相位寻优算法，尽量逼近全体相位空间的性能。

RIS 反射板处于宿主基站 SSB 波束的主瓣方向，对应的同步信号/波束索引（SSB ID/Beam ID）= 4。在定点和范围测试时，测试 UE 在绝大多情况下是由基站波束 SSB ID = 4 服务的，但会存在一定概率的切换，如切换到同步信号波束 SSB ID 等于 3 或 6。

### 6.3.2 外场干扰场景

这个场景是 RIS 反射板外场干扰场景测试用例，其街道图如图 6-36 所示。

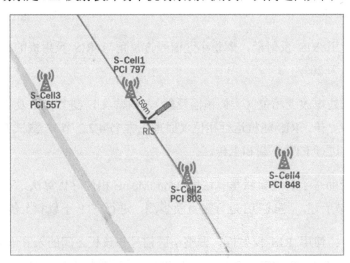

图 6-36　RIS 反射板外场干扰场景的街道图

主站采用深圳中航天逸花园南的微站，PCI = 797。RIS 反射板所在位置的小区信号强度大约是 −60 dBm，目标干扰区域与 RIS 反射板的距离大约是 15 m，总长度约为 50 m，目标干扰区域内信号 RSRP 为−70～−88 dBm，SINR 为 −8～8 dB；使用 4×4 块 RIS 面板，主服务小区信号从发射天线经 RIS 面板反射，指向目标区域，如图 6-36 的中部区域。将 RIS 面板调整至最优入射角方向，此时，入射方向与反射方向的偏折角度大约为 75°。

　　UE 定点到 RIS 反射板的距离为 31 m。从图 6-36 中可以观察到整个区域的站点密集，包括多个宏站和微站，干扰情况复杂。图 6-37 是微站 PCI = 797 附近的放大图，以及微站、RIS 反射板和测试 UE 的街景图，街景图左侧的圆圈对应微站在建筑物中的大概高度和位置，街景图右侧中的圆圈对应 UE 所处的位置。

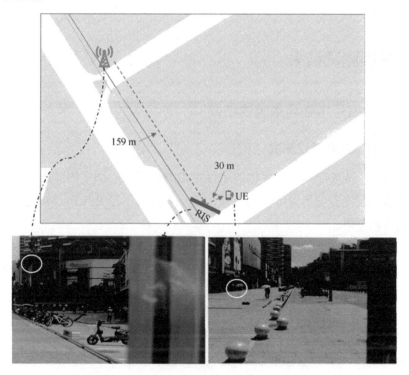

图 6-37　微站 PCI = 797 附近的放大图，以及微站、
RIS 反射板和测试 UE 的街景图

　　选择该场景的考虑是，室外目标区域具有 2 个或以上不同入射方向信号，主服务小区和最强邻区信号电平差在 6 dB 以内，SINR 低。RIS 反射板的安装位置与宿主站点可视。测试的步骤如下。

第一步，不使用 RIS 反射板，测试 UE 进行 FTP 下载和上传业务，步测遍历弱覆盖区域，分别记录测试结果。

第二步，使用 4×4 块 RIS 反射板，调整最优入射角。

（1）未通电改变相位（类似镜面反射），测试 UE 进行 FTP 下载和上传，步测遍历弱覆盖区域。

（2）借助 CondMean+相位寻优算法，测试 UE 进行 FTP 下载和上传，步测遍历弱覆盖区域。

## 6.4  深圳测试结果

### 6.4.1  信号增强场景测试结果

#### 1. 最佳入射角寻优测试

图 6-38 是最佳入射角寻优的下行定点测试结果。图中的点画线（ —·）水平基线代表没有部署 RIS 反射板时的定点 UE 的下行 RSRP、SINR 和 MAC 层数据传输速率。

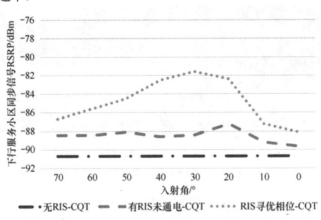

图 6-38  最佳入射角寻优的下行定点测试结果

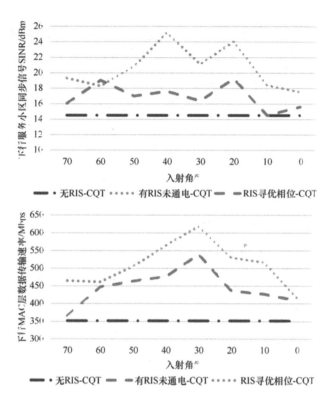

注：CQT 是定点测试（Call Quatity Test）的缩写。

图 6-38　最佳入射角寻优的下行定点测试结果（续）

分别观察下行 RSRP、SINR 和 MAC 层传输速率可以看出，相比基线值 −90.9 dBm，采用 RIS 寻优相位后，下行 RSRP 的增益（RSRP 与基线 RSRP 的比值，单位为无量纲的 dB）在 2.57～9.14 dB 之间，增益在入射角 $\theta = 30°$ 时最大，$\theta = 20°$ 时次之；相比基线值 14.53 dB，RIS 寻优相位带来的下行 SINR 的增益在 2.99～10.68 dB 之间，增益在入射角 $\theta = 40°$ 时最大，$\theta = 20°$ 时次之；相比基线值 352 Mbps，RIS 寻优相位对下行 MAC 层数据传输速率的增益在 63～266 Mbps 之间（在 14%～62%之间），增益在入射角 $\theta = 30°$ 时最大，$\theta = 40°$ 时次之。

图 6-39 是最佳入射角寻优的上行定点测试结果。上行的参考信号接收功率（RSRP）和信干噪比（SINR）均是基于上行探测参考信号（Sounding Reference Signal，SRS）进行测量的。与下行情形类似，相比基线值 −103.6 dBm，上行 RSRP 的增益在 1.68～9.80 dB 之间，增益在入射角 $\theta = 30°$ 时

最大，$\theta = 10°$时次之；相比基线值 11.31 dB，上行 SINR 的增益在 1.76～14.33 dB 之间，增益在入射角 $\theta = 30°$时最大，$\theta = 20°$时次之；相比基线值 54.4 Mbps，上行 MAC 层数据传输速率的增益在 8.92～47.45 Mbps 之间（在 16%～87%之间），增益在入射角 $\theta = 30°$时最大，$\theta = 20°$时次之。

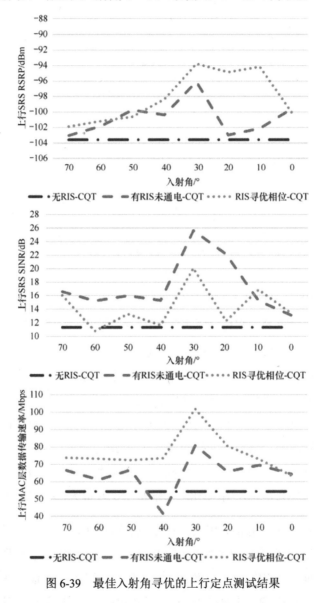

图 6-39　最佳入射角寻优的上行定点测试结果

图 6-40 是最佳入射角寻优的下行范围测试结果。图中的点画线（━·）

水平基线代表没有部署 RIS 反射板时的 UE 在地下停车场步测的下行 RSRP、SINR 和 MAC 层数据传输速率。

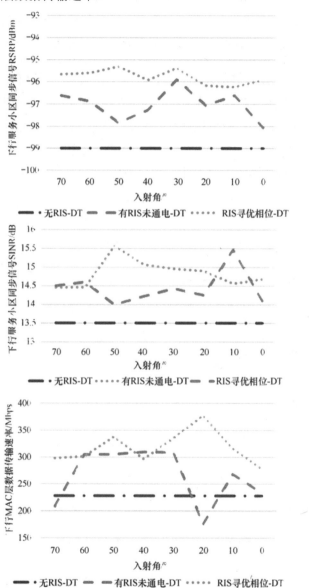

注：DT 是范围测试（Drive Test）的缩写。

图 6-40　最佳入射角寻优的下行范围测试结果

可以看出，相比基线值 −99 dBm，下行 RSRP 的增益在 2.76～3.69 dB 之间，增益在入射角 $\theta = 50°$ 时最大，$\theta = 30°$ 时次之；相比基线值 13.51 dB，下行 SINR 的增益在 0.94～2.06 dB 之间，增益在入射角 $\theta = 50°$ 时最大，$\theta = 40°$ 时次之；相比基线值 228 Mbps，下行 MAC 层数据传输速率的增益在 50～149 Mbps 之间（在 22%～65% 之间），增益在入射角 $\theta = 20°$ 时最大，$\theta = 50°$ 时次之。

图 6-41 是最佳入射角寻优的上行范围测试结果。可以看出，相比基线值 −108.86 dBm，上行 RSRP 的增益在 0.52～3.21 dB 之间，增益在入射角 $\theta = 60°$ 时最大，$\theta = 30°$ 时次之；相比基线值 4.45 dB，上行 SINR 的增益在 0.12～2.64 dB 之间，增益在入射角 $\theta = 30°$ 时最大，$\theta = 60°$ 时次之；相比基线 28 Mbps，上行 MAC 层数据传输速率的增益在 4～14.44 Mbps 之间（在 14%～52% 之间），增益在入射角 $\theta = 60°$ 时最大，$\theta = 30°$ 时次之。

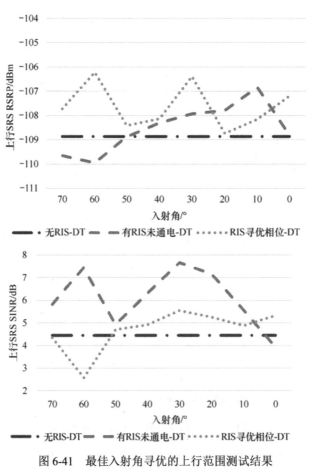

图 6-41　最佳入射角寻优的上行范围测试结果

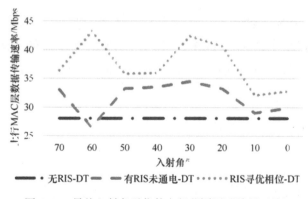

图 6-41 最佳入射角寻优的上行范围测试结果（续）

对最佳入射角测试中的各角度数据进行分析，综合下行和上行的定点及范围测试，可以发现入射角 $\theta = 30°$ 时增益总体最优。基于技术原理分析，并考虑工程部署，结合现网实测，部署 RIS 时建议入射角在 30°～70° 之间。在其他条件固定（到达电平、基线功率、方位角等），只改变入射角时，会影响到达 RIS 反射板的能量强度，限制优化效果的上限。当 $\theta = 60°$ 时，其等效孔径只有垂直入射（0°）时 50% 的面积。另外，地下停车场出口宽度较窄，使得入射角比较受局限。为覆盖地下停车场，反射波束与 RIS 反射板必须呈小角度出射，有效孔径较小，而且信号被遮挡（见图 6-42），导致增益进一步减小。

图 6-42 小角度出射下的信号被部分遮挡

## 2. RIS 反射板面积寻优测试

在这个测试中，使用 1×1 块 RIS 反射板，调整小区信号与 RIS 面板至入射角最佳。所得出的最佳入射角与上面的 4×4 块 RIS 反射板的不一定完全相

207

同。图 6-43 是 RIS 反射板面积寻优的下行定点测试结果，可以看出，下行定点的 RSRP 的增益在 1.93～12.61 dB 之间，下行 SINR 的增益在 1.84～3.03 dB 之间，下行 MAC 层数据传输速率的增益在 10.88～85.08 Mbps（3%～22%）之间。

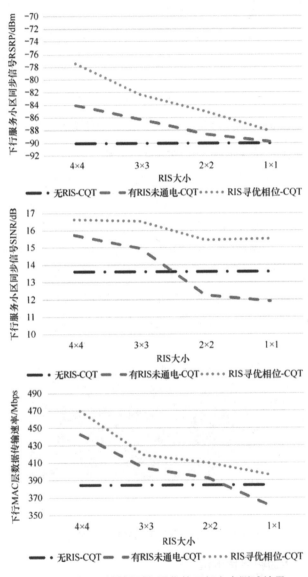

图 6-43　RIS 反射板面积寻优的下行定点测试结果

图 6-44 是 RIS 反射板面积寻优的上行定点测试结果，可以看出，上行定点的 RSRP 的增益在 2.79～7.35 dB 之间，上行 SINR 的增益在 4.25～11.22 dB

之间，上行 MAC 层数据传输速率的增益在 11.07～31.22 Mbps（22%～63%）之间。

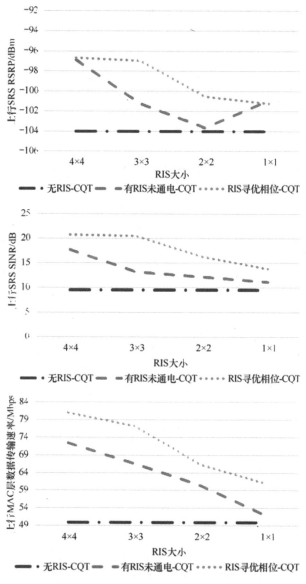

图 6-44　RIS 反射板面积寻优的上行定点测试结果

图 6-45 是 RIS 反射板面积寻优的下行范围测试结果，可以看出，下行范围的 RSRP 的增益在 0.56～3.52 dB 之间，下行 SINR 的增益在−0.24～3.42 dB

之间，下行 MAC 层数据传输速率的增益在 31～103 Mbps（15%～49%）之间。图 6-46 是 4×4 块 RIS 反射板下行 RSRP 范围测试结果的分段比例，可以看出，寻优相位能够提高落入较好覆盖区间如[-40,-95] dBm 段的比例，从而降低弱覆盖的比例。

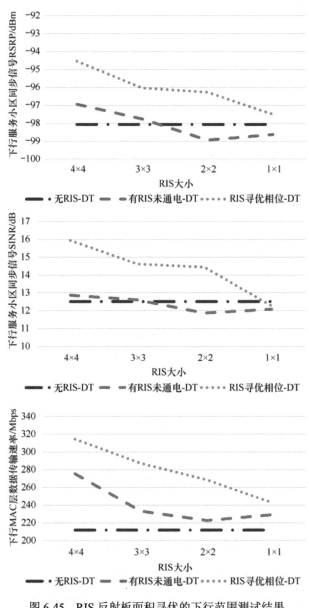

图 6-45  RIS 反射板面积寻优的下行范围测试结果

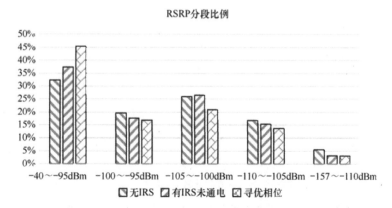

图 6-46　4×4 块 RIS 反射板下行 RSRP 范围测试结果的分段比例

图 6-47 是 RIS 反射板面积寻优的上行范围测试结果，可以看出，上行范围的
RSRP 的增益在 1.15～1.80 dB 之间，上行 SINR 的增益在 3.12～5.82 dB 之间，上
行 MAC 层数据传输速率的增益在 10.36～14.92 Mbps（45%～66%）之间。

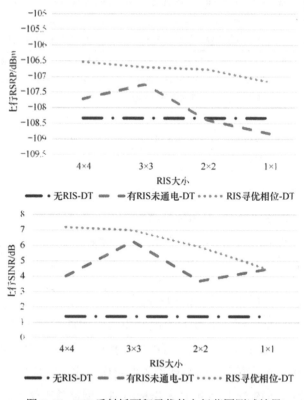

图 6-47　RIS 反射板面积寻优的上行范围测试结果

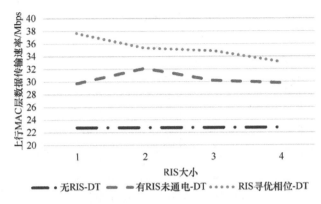

图 6-47　RIS 反射板面积寻优的上行范围测试结果（续）

　　影响 MAC 层数据吞吐量的因素有很多，除了 RSRP 和 SINR，同时还受无线物理资源的影响，测试数据表明，如在 50° 入射角时，RIS 寻优相位情形下实际使用的物理资源相比无 RIS 反射板或 RIS 反射板未通电情形分别减少 2.7% 和 3.6%，这些会对 MAC 层数据传输速率有少量负面影响，如表 6-11 所示。

表 6-11　50° 入射角定点测试中的物理下行资源占用情况对比

| 50° 定点 | 物理下行控制信道（PDCCH）调度指令个数 | 物理下行共享信道（PDSCH）每秒占用的资源块个数 | 调度指令数量与 RIS 未通电时的差异比例/% | 物理资源块个数与 RIS 未通电时的差异比例/% |
|---|---|---|---|---|
| RIS 相位寻优 | 1518 | 347 139 | 97.99 | 96.39 |
| 无 RIS 反射板 | 1539 | 358 881 | 99.37 | 99.65 |
| RIS 反射板未通电 | 1549 | 360 133 | 100 | 100 |

　　与发射功率谱密度相对固定的物理下行共享信道（PDSCH）不同，物理上行共享信道（PUSCH）采用闭环功率控制，会根据信道小尺度衰落的变化而动态调整发射功率，因此影响上行 MAC 层数据传输速率的因素更加复杂，不仅与上行 RSRP 和上行 SINR 有关，还与所用发射功率有关。

　　RIS 反射板对下行和上行覆盖面积的影响如图 6-48 所示，下行的覆盖面积大约增加 400～800 $m^2$，上行的覆盖面积大约增加 250～800 $m^2$。总体来讲，随着 RIS 单元数的增大，上下行的性能指标，如 RSRP、SINR 和 MAC 层数据传输速率的增益变大，这与理论预期趋势一致。但是在实测时，受限于网络环境复杂性及 RIS 软/硬件的技术指标限制，增益值无法达到理论上限。

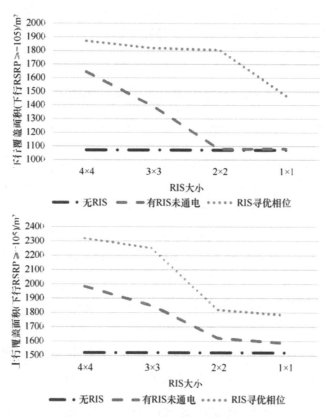

图 6-48　RIS 反射板对下行和上行覆盖面积的影响

## 6.4.2　外场干扰场景测试结果

表 6-12 是外场干扰场景的下行定点测试结果。相比无 RIS 的情形，RIS 寻优相位在下行 RSRP 和下行 SINR 的增益分别为 18.13 dB 和 8.65 dB，下行 MAC 层数据传输速率提高了约 7 倍。

表 6-12　外场干扰场景的下行定点测试结果

| 类　　型 | 下行 RSRP/dBm | 下行 SINR/dB | 下行 MAC 层数据传输速率/Mbps |
|---|---|---|---|
| 无 RIS | −85.99 | 2.63 | 34.56 |
| 有 RIS 未通电 | −78.13 | 5.76 | 97.99 |
| RIS 寻优相位 | −67.86 | 11.28 | 276.34 |

表 6-13 是外场干扰场景的上行定点测试结果。相比无 RIS 的情形，RIS 寻优相位在上行 RSRP 和上行 SINR 的增益分别为 17.61 dB 和 12.57 dB，上行 MAC 层数据传输速率提高了约 2.3 倍。

表 6-13　外场干扰场景的上行定点测试结果

| 类　　型 | 上行 RSRP/dBm | 上行 SINR/dB | 上行 MAC 层数据传输速率/Mbps |
| --- | --- | --- | --- |
| 无 RIS | −103.59 | 10.09 | 22.34 |
| 有 RIS 未通电 | −95.60 | 13.30 | 32.59 |
| RIS 寻优相位 | −85.98 | 22.66 | 74.68 |

表 6-14 是外场干扰场景的锁定 PCI = 797 时的下行范围测试结果。相比无 RIS 的情形，RIS 寻优相位在下行 RSRP 和下行 SINR 的增益分别为 6.98 dB 和 5.65 dB，下行 MAC 层数据传输速率提高了近 1 倍。图 6-49 和图 6-50 是相应的下行 RSRP 和下行 SINR 打点图比较，RIS 反射板的部署提升了主服务小区信号的强度，缩小重叠覆盖区域，改善网络性能，PCI = 797 主服务小区覆盖距离从 56 m 增加到约 85 m，扩大了约 29 m。通过本次测试发现，在室外多干扰场景下，RIS 部署可以减少约 30 m 的重叠覆盖距离。

表 6-14　外场干扰场景锁定 PCI = 797 时的下行范围测试结果

| 锁定 PCI = 797 | 下行 RSRP/dBm | 下行 SINR/dB | 下行 MAC 层数据传输速率/Mbps |
| --- | --- | --- | --- |
| 无 RIS | −87.61 | −3.68 | 44.85 |
| 有 RIS 未通电 | −84.77 | −1.42 | 27.39 |
| RIS 寻优相位 | −80.63 | 1.97 | 84.85 |

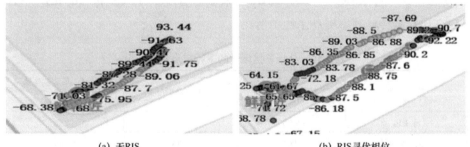

(a) 无RIS　　　　　　　　　　　(b) RIS寻优相位

图 6-49　锁定 PCI = 797 时的下行 RSRP 打点图比较

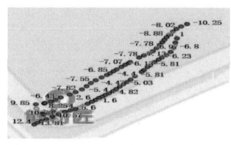

(a) 无RIS

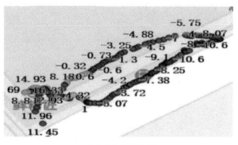

(b) RIS寻优相位

图 6-50　锁定 PCI = 797 时的下行 SINR 打点图比较

表 6-15 是外场干扰场景的不锁定 PCI 的下行范围测试结果。相比无 RIS 的情形，RIS 寻优相位在下行 RSRP 和下行 SINR 的增益分别为 2.80 dB 和 1.88 dB，下行 MAC 层数据传输速率提高了约 130%。

表 6-15　外场干扰场景的不锁定 PCI 的下行范围测试结果

| 不锁定 PCI | 下行 RSRP/dBm | 下行 SINR/dB | 下行 MAC 层数据传输速率/Mbps |
| --- | --- | --- | --- |
| 无 RIS | −83.01 | 1.73 | 34.15 |
| 有 RIS 未通电 | −83.62 | 0.58 | 25.60 |
| RIS 寻优相位 | −80.21 | 3.61 | 80.01 |

图 6-51 是相应的 PCI 打点图比较，可以发现，在无 RIS 时，测试区域由于邻近站点 PCI = 803 的信号强度大于主服务小区 PCI= 797 的信号强度，除了左端距离 PCI = 797 较近的小部分区域，其他大部分区域都接入邻近站点 PCI = 803。图 6-52 和图 6-53 是相应的下行 RSRP 和下行 SINR 的打点图比较。

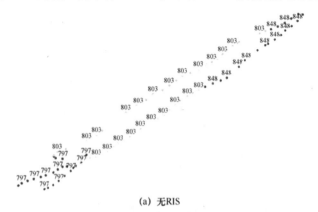

(a) 无RIS

图 6-51　不锁定 PCI 时的 PCI 打点图比较

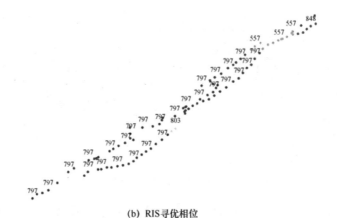

(b) RIS寻优相位

图 6-51　不锁定 PCI 时的 PCI 打点图比较（续）

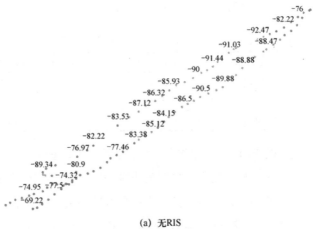

(a) 无RIS

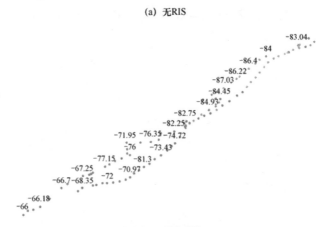

(b) RIS寻优相位

图 6-52　不锁定 PCI 时的下行 RSRP 打点图比较

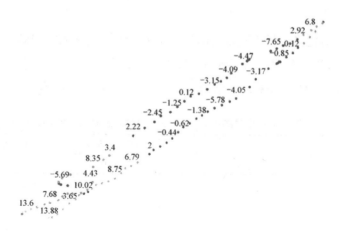

(a) 无RIS

(b) RIS寻优相位

图 6-53　不锁定 PCI 时的下行 SINR 打点图比较

表 6-16 是外场干扰场景的锁定 PCI = 797 时的上行范围测试结果。相比无 RIS 的情形，RIS 寻优相位在上行 RSRP 和上行 SINR 的增益分别为 5.52 dB 和 11.23 dB，上行 MAC 层数据传输速率提高了约 70%。

表 6-16　外场干扰场景的锁定 PCI = 797 的上行范围测试结果

| 锁定 PCI = 797 | 上行 RSRP/dBm | 上行 SINR/dB | 上行 MAC 层数据传输速率/Mbps |
| --- | --- | --- | --- |
| 无 RIS | −103.51 | 3.71 | 20.70 |
| 有 RIS 未通电 | −97.76 | 7.92 | 25.29 |
| RIS 寻优相位 | −97.99 | 14.94 | 35.17 |

表 6-17 对比了外场干扰场景的 PCI = 803 的下行 RSRP 在部署 RIS 前后的变化，可以发现，信号降低了约 1.03 dB，这说明 RIS 对邻区信号有一定的影响。图 6-54 是 PCI = 803 的下行 RSRP 在部署 RIS 前后的打点图比较。

表 6-17　外场干扰场景的 PCI= 803 下行 RSRP 在部署 RIS 前后的变化

|  | 无 RIS | 有 RIS 未通电 | RIS 寻优相位 |
| --- | --- | --- | --- |
| 上行 RSRP / dBm | −85.66 | −86.69 | −87.42 |

(a) 无RIS

(b) RIS相位寻优

图 6-54　PCI= 803 的下行 RSRP 在部署 RIS 前后的打点图比较

# 本章参考文献

[1]　SANG J, YUAN Y F, TANG W K, et. al. Coverage Enhancement by Deploying RIS in 5G Commercial mobile Networks: Field Trials [J]. IEEE Wireless Communications (Early Access), 2022: 1-21. DOI: 10.1109/MWC.011.2200356.

# 第 7 章　分阶段的技术推进

本章全面介绍了在 5G 商用网络中开展的一次 RIS 中继的外场测试验证情况，对测试环境、系统参数和验证结果进行了比较详细的描述和分析。

## 7.1　"三步走"的推进

考虑到 RIS 是一项新兴的颠覆性的技术，而且涉及移动通信领域与超材料领域的交叉，RIS 中继的推进应该是分步骤的，体现在循序渐进的几种 RIS 工作模式上，如图 7-1 所示。

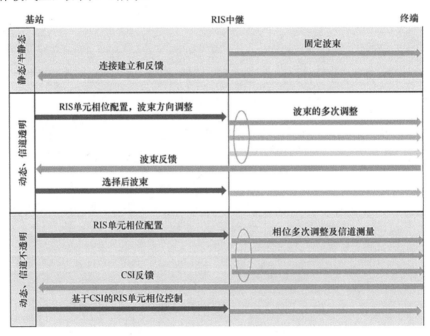

图 7-1　RIS 中继的"三步走"推进

第一步是静态/半静态模式。在这类模式下，RIS 的波束根据基站的来波方向和 RIS 所服务的终端大致区域，事先计算好 RIS 单元的相位，产生一个合适的反射波束方向。处于 RIS 服务区的终端并不知道 RIS 的存在，可以完全沿用现有的空口协议，进行小区接入和上下行业务数据的传输/接收。值得指出的是，这里的固定波束既是指多天线的发送预编码，也是指多天线的合并接收，对上行和下行都有效。静态/半静态的工作模式无须 RIS 单元做实时的相位调整，可省去与基站的信令交互，RIS 面板的控制器简单，功耗可以降得很低，有可能完全依靠电池供电，部署灵活性高，比较适合 RIS 的初期部署。

第二步是动态、信道透明模式。在这类模式下，虽然终端有可能仍然无法确认 RIS 的存在，但 RIS 会扫描多个固定波束，而终端分别在多个波束中进行测量，然后反馈给基站其中一个适合的波束。相比静态/半静态模式，尽管 RIS 还是采用固定波束，但是波束更具有针对性，根据终端的具体位置选择合适的波束。这当中需要基站与 RIS 之间的一些信令交互，如基站通知 RIS 在某个时刻采用哪一个波束，RIS 也需要进行波束扫描，但功耗与复杂度有所增加。

第三步是动态、信道不透明模式。所谓的信道不透明是指两种情形：一种情形是终端并不能确认 RIS 的存在（RIS 对终端透明），但 RIS 能够感受所服务终端的存在，如 RIS 能够检测识别终端发送的一些参考信号，从而进行信道估计，判断终端的方位信息，把该信息反馈给基站；另一种情形是终端知道 RIS 的存在，并能够识别和测量级联链路（基站-RIS 及 RIS-终端），将级联链路的信道状态信息（CSI）反馈给基站。在这种模式下，RIS 可以做到 UE 专用的波束赋形，有的放矢，最大限度地发挥 RIS 的性能潜力，但复杂度也最高，需要更多的参考信号进行信道估计，更多的控制/反馈信令在基站与终端、基站与 RIS 之间交互。

## 7.2　3GPP Rel-18 网络控制的直放站

### 7.2.1　基本特性

直放站是无线中继的一种类型，与本书第 1 章介绍的 LTE 中继不同，直放站不具备数字基带的处理功能以及高层协议栈。它只有射频收发电路和功率放大电路，其基本功能是对收到的射频信号直接进行放大和转发，通常应用在覆盖盲区。传统的直放站以全向天线为主，部署时通过操作维护管理（Operation Administration and Maintenance，OAM）的方式进行初始化配置，在之后的运行过程中与网络的交互很少。对于中低频段（如 sub-6 GHz）的成熟网络，覆盖盲区不常见，因此应用的范围不普遍，需要根据具体情况优化，能够标准化的方面十分有限。随着毫米波频段日益广泛的部署，覆盖盲区的问题越来越显著。由于毫米波的路径损耗严重、绕射/散射能力较弱、波束细、易于被阻挡，仅仅通过增加基站天线单元数或基站的发射功率来增强覆盖是不经济和不现实的。尽管 3GPP Rel-16 和 Rel-17 引入了回传/接入一体化（Integrated Access & Backhaul，IAB）能够解决毫米波的覆盖问题，但 IAB 本质上是一个从上层协议栈到基带处理全都包含的小型基站（中继），设备成本很高，各种控制信令的开销占比也很大。针对这种情况，3GPP 从 Rel-18 开始对增强功能的直放站进行研究和标准化。这种增强的直放站称为网络控制的直放站（Network Controlled Repeater，NCR）[1]，重点的部署频段是毫米波，解决的是高频段覆盖盲区的问题。图 7-2 是 NCR 的基本功能模块。

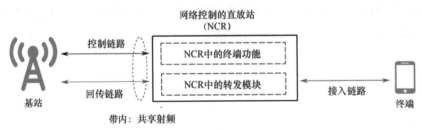

图 7-2　NCR 的基本功能模块

NCR 中有两大模块：一个模块具有终端功能，即 NCR 可以像终端一样与基站进行控制信令的交互，与这个模块相连的是控制链路；另一个模块具有转发下行和上行信号的功能，这一点与传统的直放站没有太大差别。通过终端功能模块，RIS 可以接收基站的控制指令。

（1）调整接入链路的转发和接收波束，使得信号的发送和接收更有方向性，更加有效；而传统的直放站一般是没有波束赋形的，天线增益小，并且容易造成不必要的干扰。

（2）协调 TDD 的子帧配置，可以降低由于灵活子帧配置造成的节点间干扰；而传统的直放站是一直工作的，干扰问题难以解决。

由于 RIS 的波束和 TDD 子帧配置是需要动态调整的，控制链路的指令也是动态的，属于物理层控制信令。3GPP Rel-18 的 NCR 是静止部署的，对终端透明，它所服务的终端多数是与基站无法直接建立连接的。

NCR 应具备如下基本能力：（1）下行控制链路与下行回传链路同时进行或者时分复用（Time-Division Multiplexing，TDM）；（2）上行控制链路与上行回传链路是时分复用的。3GPP Rel-18 还定义了可以同时传输上行控制链路和上行回传链路的直放站设备等级，以满足更高的性能要求。

NCR 回传链路和控制链路的波束可以是固定的或者自适应的。所谓固定波束是指 NCR 在控制链路和回传链路上的波束不能随时间的变化而变化。由于回传链路和控制链路一般共用一套天线而且占用同样的频段（带内），两者的传输配置指示（Transmission Configuration Indicator，TCI）也认为是相同的。当回传链路采用自适应波束时，有两种候选方式来指示和确定波束：一是通过一个新的信令来指示，这个新指令可以是动态信令，也可以是半静态的，如无线资源控制（Radio Resource Control，RRC）信令/MAC 层控制单元（Channel Element），从控制链路波束集合中选取；二是采用预配置的规则，如规定一些时隙/OFDM 符号，在这些时段允许控制链路和回传链路同时进行下行接收或者上行发送。回传链路的波束和控制链路的波束可以相同，也可以前者是后者的一个子集。

对于接入链路，波束指示可以是动态的，也可以是半静态的。因为 NCR 中只有射频，没有基带处理，只能做模拟域（整个系统带宽上）的波束赋形，所以波束指示是显式表明在哪个时域资源该指示有效。一个波束指示可以配置多个波束，对于毫米波，多个波束通常是时分复用的，即每个时刻都是一个波束。根据这个波束指示，NCR 生成相应的下行转发和上行接收波束。这里需要留意的是，TDD 中的灵活子帧，有三种候选方式。

（1）NCR 的转发功能在灵活子帧内关闭。

（2）NCR 完全遵从控制链路的 TDD 运行指令，具体指的是子帧格式指示或基站的调度指令。

（3）专门针对灵活子帧而引入新的动态指令。

从节能和降低干扰的角度看，NCR 在很多情形下是可以关断的，因此如果基站没有显式或隐式的指示，则 NCR 的转发功能是默认处于关断（停止）状态的。这不排除通过控制链路连接态下的信令或控制链路空闲态下的通断行为来控制 NCR 转发功能的开启和停止。通断指示可以是显式的，如通断的时域资源图样等，或者是隐式的，如波束、上下行配置等。通断指示既可以是动态的，也可以是半静态的。

整个控制信令的配置可以完全通过 RRC，或者完全通过 OAM 系统，或者部分 RRC、部分 OAM 系统。层 1 和层 2 的物理信道配置如下。

（1）接收物理下行控制信道（PDCCH）和物理下行共享信道（PDSCH）的配置。

（2）如果需要，则发送物理上行控制信道（PUCCH）的配置。

（3）如果需要，则发送物理上行共享信道（PUSCH 的配置）。

层 1 和层 2 的信令配置如下。

（1）下行控制信息（DCI）的配置。

（2）上行控制指示（UCI）的配置。

（3）MAC CE 的配置。

NCR 是一种网络设备，它的入网需要一套严格的程序，以确保安全可靠地管控。目前在标准讨论中有 4 种方式来进行 NCR 的识别和鉴权，下面分别进行介绍[2]。

**鉴权方式 1**：该种方式下 NCR 设备的识别和鉴权/认证过程基本上是在无线接入网（RAN）中进行的。如图 7-3 所示，NCR 按照普通终端的方式初始接入无线接入网（RAN）和核心网（CN），如运营商为 NCR 配置专有的切片，从切片信息来进一步识别 NCR。鉴权结束后，核心网向基站提供专用的消息，让基站知道 NCR 已被鉴权；NCR 的识别可以在 RRC 建立完成的消息中告知，或者通过终端的射频能力指示来完成。这里的第 12 步和第 13 步是可选项，主要根据运营商的要求来选择。

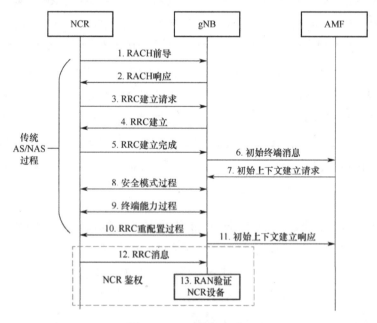

图 7-3　NCR 鉴权方式 1

**鉴权方式 2**：该种方式下 NCR 的识别是在无线接入网（RAN）侧完成的，而鉴权/认证是在当地 RAN OAM 中进行的。整个过程无须核心网的参与，如图 7-4 所示。

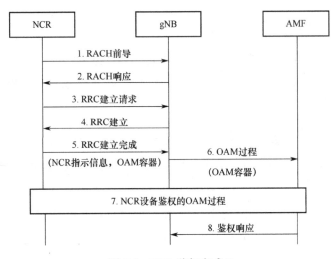

图 7-4　NCR 鉴权方式 2

首先 NCR 通过传统的信令流程（从 RACH 前导一直到 RRC 建立完成）建立 RRC 连接，但是此时基站还没有为 NCR 建立 NGAP 消息，NCR 的识别是通过在 RRC 建立完成消息（Msg5）中上报 NCR 的识别号来完成的，与普通终端的 RRC 建立完成消息不同，这里的 Msg5 中含有 OAM 容器，而没有 NAS 容器。根据 NCR 的指示，基站进行针对 NCR 特有的一些操作。接下来，NRC 设备的鉴权/认证是在 OAM 和 NCR 之间进行的，主要依靠 OAM 容器。通过空口，OAM 容器由 RRC 消息或者数据资源块（Digital Resource Block，DRB）承载。OAM 业务的安全可以由应用层的安全机制来保障，如 NCR 和 OAM 之间的 SSH/TLS 协议。

**鉴权方式 3**：该种方式下 NCR 的识别是在无线接入网（RAN）侧完成的，而鉴权/认证是在核心网（CN）中完成的，如图 7-5 所示。在新一代核心网建立的过程中，AMF 需要通过新一代核心网建立响应中的消息告知基站核心网是否支持此种 NCR 设备，NCR 建立 RRC 连接以及识别可以由 Msg5 中的 NCR 指示来上报，或者由终端射频能力的信令来上报。基站选择能够支持 NCR 功能的 AMF，并将 NCR 设备的指示传给 AMF，然后 AMF 和其他核心网实体做进一步鉴权，通过后将 NCR 已鉴权消息告诉基站。

**鉴权方式 4**：该种方式下 NCR 的鉴权/认证是在核心网（CN）中完成的，流程如图 7-6 所示。NCR 的鉴权信息由 AMF 通知基站。其过程与车联网的类似，由 5G 核心网对终端进行注册。这些信息在基站以 NCR 控制模块的上下文形式存储。

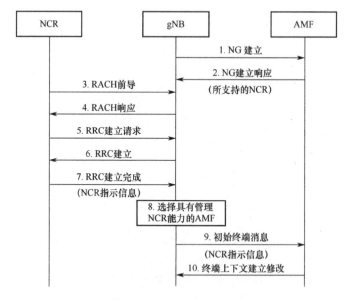

图 7-5　NCR 鉴权方式 3

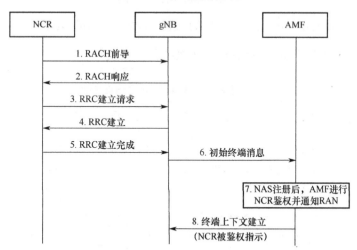

图 7-6　NCR 鉴权方式 4

3GPP 对 NCR 的系统性能进行了大量的仿真，如在第 3 步考虑的是载波频率为 30 GHz 毫米波，每个扇区部署了 3 个 NCR，ITU 地方微小区（Urban Micro，UMi）场景下的网络拓扑（每个扇区包含 3 个 NCR）如图 7-7 所示。

传统的直放站是全向天线的，而 NCR 具有 6 个等角度的固定波束，可以根据终端的位置优选波束。

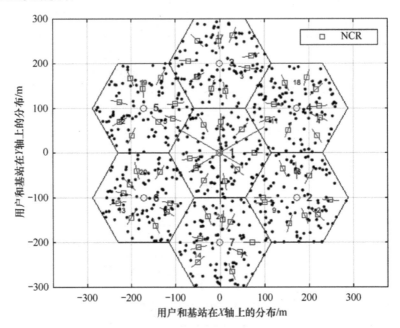

图 7-7　ITU 地方微小区（UMi）场景下的网络拓扑（每个扇区包含 3 个 NCR）[3]

表 7-1 中列举了毫米波频段 NCR 系统仿真参数[3]。

表 7-1　毫米波频段 NCR 系统仿真参数

| 参　　数 | 城市宏小区（Urban Macro，UMa） | 城市微小区（Urban Micro，UMi） |
|---|---|---|
| 网络拓扑 | 两层<br>宏站层：六边形网格<br>直放站层：随机分布（均为室外）<br>每个小区 3 个直放站 | 两层<br>微站层：六边形网格<br>直放站层：随机分布（均为室外）<br>每个小区 3 个直放站 |
| 站间距 | 500 m | 200 m |
| 载频 | 30 GHz | 30 GHz |
| 系统带宽 | 200 MHz | 200 MHz |
| 子载波间隔 | 60 kHz | 60 kHz |
| 仿真带宽 | 100 MHz（132 RB） | |
| 信道模型 | 宏站—终端：UMa<br>宏站—直放站：UMa LOS<br>直放站—终端：UMi 街道深谷 | 微站—终端：UMi 街道深谷<br>微站—直放站：UMi LOS<br>直放站—终端：UMi 街道深谷 |

续表

| 参　数 | 城市宏小区（Urban Macro，UMa） | 城市微小区（Urban Micro，UMi） |
|---|---|---|
| 基站发射功率 | 宏站层：40 dBm（根据仿真带宽缩放）<br>直放站层：33 dBm（根据仿真带宽缩放） | 微站层：33 dBm（根据仿真带宽缩放）<br>直放站层：33 dBm（根据仿真带宽缩放） |
| 终端上行发射功率 | 30 GHz：23 dBm | |
| TXRU 映射 | 每个 TXRU 对应一个天线面板和每个极化方向 | |
| 基站天线配置 | 宏小区/微小区：256 个收/发天线单元，具体配置为 $(M, N, P, M_g, N_g) = (4, 8, 2, 2, 2)$，$(d_H, d_V) = (0.5, 0.5)\lambda$，$(d_{g,H}, d_{g,V}) = (4.0, 2.0)\lambda$<br>直放站：最高为 64 Tx /Rx 收发天线单元，具体配置为 $(M, N, P, M_g, N_g) = (4, 8, 2, 1, 1)$，$(d_H, d_V) = (0.5, 0.5)\lambda$，$(d_{g,H}, d_{g,V}) = (4.0, 2.0)\lambda$ | |
| 基站天线高度 | 宏站天线：25 m<br>直放站：10 m | 微站天线：10 m<br>直放站：10 m |
| 基站天线单元增益 | 参考 TR 38.901 | |
| 基站接收机噪声系数 | 宏站：7 dB<br>直放站：7 dB | |
| 终端天线配置 | 最高 32 Tx /Rx 收发天线单元，具体配置为 $(M, N, P, M_g, N_g) = (2, 4, 2, 1, 2)$<br>−天线间距 $d_H = d_V = 0.5\,\lambda$<br>−配置 1：$(M_g, N_g) = (1, 2)$；$\Theta_{mg,ng} = 90°$；$\Omega_{0,1} = \Omega_{0,0} + 180°$；$(d_{g,H}, d_{g,V}) = (0,0)$ | |
| 终端天线高度 | 普遍公式：$h = 3(n_{fl} - 1) + 1.5$<br>$n_{fl}$（室外终端）：1<br>$n_{fl}$（室内终端）：$n_{fl}$～均匀分布$(1, N_{fl})$，$N_{fl}$～均匀分布$(4,8)$ | |
| 终端天线增益 | 参考 TR 38.901 | |
| 终端接收机噪声系数 | 10 dB | |
| 终端分布 | 均匀分布<br>− 100% 室外（30 km/h）<br>− 当为室外时（30 km/h），车身损耗 9 dB（LN*，$\sigma = 5$ dB） | 均匀分布<br>− 20% 室外（30 km/h）和 80% 室内（3 km/h）<br>− 室外（30 km/h），车身损耗 9 dB（LN，$\sigma = 5$ dB）<br>− 室内，室外到室内模型<br>− 低损模型− 50%<br>− 高损模型− 50% |
| 基站—终端（2D）最小距离 | 宏站—终端：35 m<br>宏站—直放站：40 m<br>直放站—终端：5 m（中等距离） | 微站—终端：10 m<br>微站—直放站：20 m<br>直放站—终端：5 m |

*LN 的英文全称为 Log Normal，即对数域正态分布。

图 7-8 是在 ITU UMa 和 UMi 场景下的下行宽带信干噪比（SINR）在没有部署直放站、部署传统直放站和部署 NCR 之后的累积分布函数（CDF）。可以看出在毫米波频段，无论是宏站还是微站网络，部署 NCR 对 SINR 的提升有明显效果。

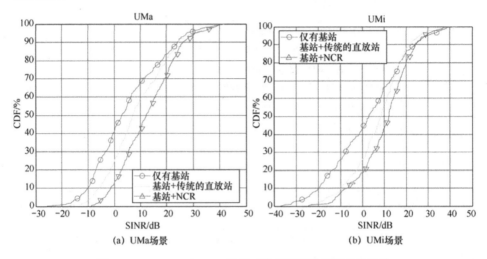

图 7-8　ITU UMa 和 UMi 场景下部署不同种类型直放站的
信干噪比（SINR）的累积分布函数[3]

### 7.2.2　网络控制的直放站与智能超表面中继的异同

如 7.1 节中所述，智能超表面（RIS）中继的推进可以分"三步走"。其中的第 2 步：动态、信道透明模式与网络控制的直放站（NCR）模式有很多类似之处。例如，两者都可以通过 RIS 波束扫描的方式来测量各个波束的接收信号强度，由终端上报给基站，再由基站决定合适的波束，告知 RIS 用该波束进行信号的下行转发或上行接收。"三步走"的第 3 步：动态、信道不透明模式与 NCR 还是有一些区别的，其体现在需要引入直接测量下行级联链路的机制，或者测量上行的终端—RIS 链路的机制。这里会涉及参考信号的设计/配置、测量流程的定义、反馈方法等。虽然功能上有一些差异，但从大的方面看，RIS 中继的基本模块与 NCR 的基本模块有不少相似的地方，它们都包含控制模块和反射单元阵列，前者负责与基站的控制信令交互，后者负责信号的转发，如图 7-9 所示。

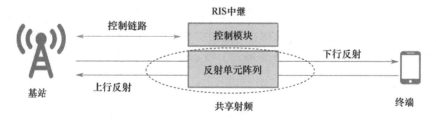

图 7-9 RIS 中继的基本模块

在转发硬件方面，NCR 和 RIS 中继有不少差别。

（1）RIS 中继的反射单元阵列是准无源器件，收发共用一个单元，可以认为是共享射频，无须收发端的物理隔离以降低自干扰；而 NCR 的射频与天线组成有源器件，为了降低回传链路与接入链路的自干扰，一般收发各需一套射频和射频器件。

（2）为降低硬件成本，NCR 的控制链路与回传链路共享同一个射频，这会大大地限制控制链路的设计自由度；而对于 RIS 中继，由于两个模块在工作方式上的巨大差异，即反射单元阵列在准无源方式下工作，控制模块需少量电能来支持控制信令的数字处理以及低功率的发送，所以比较适合采用各自的射频，能够使控制链路的设计更加灵活。

（3）RIS 天线单元的无源特性和低成本使得 RIS 中继上的单元数量要比 NCR 的天线数量高 1～2 个量级。RIS 有望形成更细的波束，比 NCR 的有限个数的波束扫描具有更精准的方向性。NCR 采用类似基站的有源天线阵列，其预编码方式和码本可以基本沿用增强版 5G（5G Advanced，5GA）的空口协议，RIS 作为准无源器件，其具体的预编码方式和码本设计与有源天线存在很大差别，不仅天线单元数量大，而且受到单元相位/幅度量化比特的影响，以及在不同入射角下的一致性问题。

（4）RIS 不仅能够根据控制指令将入射波束反射到目标方向，完成信号转发的功能，而且具有一定的感知和信道估计的能力，即在不转发信号的时刻进行信号的接收和完成一些简单的基带功能，可以对回传链路和接入链路的信道分别进行估计。

在部署方面，从本书第 5 章的性能仿真结果和第 6 章的现网测试来看，RIS 中继不仅可以改善覆盖盲区的 RSRP、SINR 和下行吞吐量，而且对中等程度覆盖的用户体验也有明显的提高，这意味着 RIS 可以用于系统容量增强的场景。

下面通过系统仿真来对比 RIS 中继与 NCR 的性能，工作频段为 2.6 GHz。表 7-2 罗列了 NCR 仿真中的噪声、RSRP 和 SINR 的计算。

表 7-2　NCR 仿真中的噪声、RSRP 和 SINR 的计算

| 参　数 | 计 算 方 式 |
|---|---|
| 终端接收噪声 | 直连链路（BTS-UE）噪声+接入链路（NCR-UE）噪声 |
| 接入链路噪声 | 回传链路（BTS-NCR）噪声+NCR 的功率放大因子+ ［−174 dBm/Hz］＋ UE 噪声系数+ 带宽（dB） |
| 回传链路噪声 | ［−174 dBm/Hz］＋NCR 噪声系数＋带宽（dB） |
| 直连链路噪声 | ［−174 dBm/Hz］＋UE 噪声系数＋带宽（dB） |
| NCR 回传链路的 RSRP | 基站发射功率（dBm）＋回传链路的路径损耗 |
| NCR 接入链路的 RSRP | NCR 的功率放大因子＋NCR 回传链路的 RSRP＋接入链路的路径损耗 |
| 直连链路 RSRP | 基站发射功率（dBm）＋直连链路的路径损耗 |
| 总 RSRP | 直连链路的 RSRP＋接入链路的 RSRP |
| SINR | 总 RSRP/（终端接收噪声＋直连链路噪声＋邻区基站−邻区 NCR-UE 噪声＋邻区基站−服务 NCR-UE 噪声） |

表 7-3 列举了 RIS 中继和 NCR 在 2.6 GHz 波段的系统仿真参数。

表 7-3　RIS 中继和 NCR 在 2.6 GHz 波段的系统仿真参数

| 参数类型 | 参　数 | 数　值 |
|---|---|---|
| 基本参数 | 场景 | UMa 室外 |
| | 载波频率 | 2.6 GHz |
| | 系统带宽 | 10 MHz |
| | 基站数 | 7 个 |
| | 每个基站扇区个数 | 3 个 |
| | 平均每个扇区 UE 撒点数 | 50 个 |
| RIS 参数 | RIS 面板高度 | 15 m |
| | RIS 部署位置 | 小区边缘（0.9～0.95 倍小区半径之间） |
| | 每个扇区 RIS 撒点个数 | 8 个 |
| | RIS 面板朝向 | 朝向基站 |
| | 天线水平/竖直 3 dB 宽度 | 65°/65° |

续表

| 参 数 类 型 | 参　数 | 数　值 |
|---|---|---|
| RIS 参数 | 单天线增益 | 5 dBi |
| | 天线单元数 | 40×40 或 50×50 个 |
| | 天线极化数 | 1（单极化） |
| | 机械下倾角 | 15° |
| NCR 基本参数 | NCR 高度 | 5 m |
| | 发射功率 | 30 dBm |
| | 天线振子增益 | 5 dBi |
| | 天线规模（垂直×水平） | 4V8H |
| | 每个扇区 NCR 个数 | 8 个 |
| | NCR 部署位置 | 小区边缘（0.9～0.95 倍小区半径之间） |
| | 功率放大器增益 | 30 dB 或 40 dB |
| | 接收机噪声系数 | 7 dB |
| BTS 参数 | 基站天线高度 | 25 m |
| | 基站发射功率 | 43 dBm |
| | 单天线增益 | 8 dBi |
| | 天线水平/竖直 3 dB 宽度 | 65°/65° |
| | 站间距 | 500 m |
| | 天线垂直间距 | 0.8 λ |
| | 天线水平间距 | 0.5 λ |
| | 天线振子数（垂直×水平） | 2V4H |
| | 天线极化 | 1（单极化） |
| | 天线竖直/水平背向损耗 | −30 dB/−30 dB |
| UE 参数 | UE 天线高度 | 1.5 m |
| | 室外比例 | 100% |
| | 室外 UE 速度扩展因子 | 10 |
| | 天线水平/竖直 3 dB 宽度 | 90°/90° |
| | 噪声系数 | 7 dB |
| | 天线垂直间距 | 0.5 λ |
| | 天线水平间距 | 0.5 λ |
| | 天线振子数（垂直×水平） | 1V2H |
| | 天线通道数 | 1V2H |
| | 天线极化 | 1（单极化） |
| | 天线竖直/水平背向损耗 | −25 dB/−25 dB |

　　低频场景下，NCR 只做功率放大，不做波束赋形。图 7-10 是 RIS 中继和 NCR 系统下的 UE RSRP CDF，可以看出，对接收信号功率性能来说，在一定

配置下，NCR 优于 RIS，通过增加 RIS 的振子数可以提高相对增益。

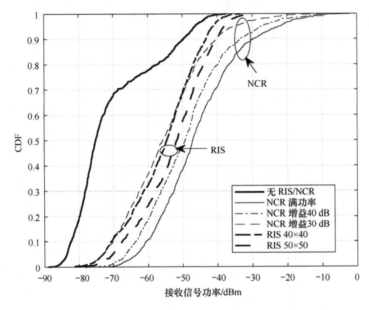

图 7-10　RIS 中继和 NCR 系统下的 UE RSRP CDF（2.6 GHz 频段）

图 7-11 是 RIS 中继和 NCR 系统下的 UE SINR CDF，可以看出，对 SINR

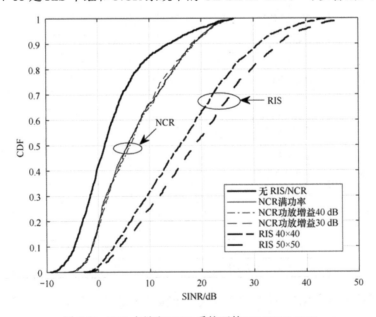

图 7-11　RIS 中继和 NCR 系统下的 UE SINR CDF

来说，由于 NCR 对噪声和干扰也进行放大，RIS 中继情形下的 UE SINR 明显优于 NCR 的情形。图 7-12 是 RIS 中继和 NCR 系统下的 UE 的接收噪声和干扰。可以看出，NCR 系统中的干扰情形比 RIS 要严重许多。

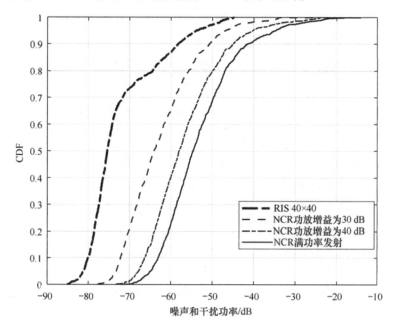

图 7-12　RIS 中继和 NCR 系统下的 UE 接收噪声和干扰

## 7.3　未来的研究与标准化

RIS 是一个传统移动通信与新型信息超材料相结合的交叉技术，RIS 跨学科的特性和颠覆性的效果意味着它的研究和标准化推进应该是分阶段多步骤的。其实在 4G 系统中，曾经有两种技术可以看成是 RIS 中继的先例，一个是本书第 1 章里介绍的 LTE 中继，算作负面的例子；另一个是全域多天线（Full-dimensional MIMO），是一个正面的例子。

如本书 1.4 节所述，LTE 中继在 3GPP 开始研究时，由于学术界热度很高，方案思路十分发散，使得 3GPP 的中继研究范围也很宽广，应用场景包罗万象，似乎要彻底颠覆传统蜂窝网，开创一个基于多节点/多跳的移动通信网络。不少成员单位所贡献的标准文稿偏理论分析和理想情形下的设计，与实际系统脱节，难以落地，在经过一番不大顺畅的从理论到实际的过程之后，3GPP LTE 中继形成了两大技术方案，一个是 Type 1 relay，主要用于覆盖增强；另一个是 Type 2 relay，既可以覆盖增强，也可以提升小区平均吞吐量。从某种意义上讲，Type 1 relay 相对简单，标准化的内容较少，而 Type 2 relay 更为先进，对标准协议的改动较大。这两种方案选取应该依据充分的性能仿真评估，但因为当时 LTE 在与全球微波接入互操作性（World Interoperability for Microwave Access，WiMAX）争抢时间来早日完成 Rel-10 标准化，以满足 IMT-Advanced（4G）的性能指标，而 MIMO 可以帮助解决小区平均吞吐量的指标要求，所以 Type 2 relay 在没有经过充分评估的情形下被淘汰。

在 LTE 中继标准化阶段，针对覆盖增强这一不是十分广泛的部署，协议设计理应简捷有效，但是最后加入了大量并不必要的细节方案，如交织的中继物理下行控制信道（RPDCCH）、过多的子帧定时设置、过于繁杂的 FDD HARQ 指示方式和过多的 TDD HARQ 配置。烦琐的协议大大增加了 LTE 中继的实现复杂度，性价比的优势相比其他实现类的替代方案，如直放站，越来越不明显。另外，LTE 中继的物理层协议并没有与其他 LTE-Advanced 的技术一起写到 TS 36.211～36.215 协议中，而是单独放在 TS 36.216 协议中，这反映了 LTE 中继在 3GPP 被边缘化，在实际 4G 系统中的部署很少。

全维度多输入多输出（Full Dimension，MIMO，FD-MIMO）从学术可以溯源到 2009 年贝尔实验室的 T. L. Marzetta 的论文，他在那篇论文中提出了 Massive MIMO（大规模天线）的概念，指出 4G 后期到 5G 移动系统天线方面的一个极有前景的发展方向。当然这篇论文的许多假设偏于理想化，推导出的性能公式反映的是理论上界，与实际系统相差很远。但无论如何，Massive MIMO 巨大的性能潜力为业界提供了强劲的动力去部署更多的天线，尤其在基站侧。第一想到的是向垂直方向增加天线振子数和数字端口数，使得波束赋形不仅在传统的水平方位角方向上，而且可以在俯仰角方向上，灵活地形成 3D 波束，覆盖不同高度的用户。

多天线技术方案设计的一个重要前提是对无线传播信道的精准建模，3D波束赋形也是如此。为了把研究工作做扎实，3GPP 首先开启了 3D 信道建模的研究，所采取的路线是尽量沿用 3G 和 4G 初期常用的基于几何的统计信道模型，在此之上引入垂直方向的信道参数和路径损耗计算，既保证了模型的相对准确性，又没有显著增加建模的复杂度，与之前的系统仿真平台能够较好地兼容。3D 信道模型建立后，3GPP 开始 FD-MIMO 的研究和标准化，所采用的路线依然是对 2D-MIMO 的增强。预编码码本的设计基于 2D-MIMO，扩展到垂直方向，用克罗内克积的方式将水平定位精度的预编码与垂直定位精度的预编码联合起来，形成 FD-MIMO 的预编码。

在研究 3GPP FD-MIMO 之前，工业界在天线射频领域出现了重大突破，即基带处理模块与射频模块解除捆绑，其中的射频模块可以安装到基站塔上，与天线集成为一体，形成所谓的"有源天线"。这个硬件器件上的革新大大减少了射频模块与天线单元直接的连线数量，尤其当一个数字端口带很多个天线振子的情形，使得大规模天线从硬件实现上更接近可能。有源天线的部署本身不需要对物理层协议有明显改动，因此可以在现网中测试，提前在实际系统中尝试，为在 3GPP 中的标准化积累经验。FD-MIMO 不仅天线单元数增多了，数字端口数也从 Rel-10 常见的 4 端口（FDD）逐步增加到 8 端口和 16端口。

到了 2016 年标准化 5G 新空口时，3GPP 在 4G FD-MIMO 的基础上，增加了更灵活的帧设计和信道状态信息（CSI）的反馈机制，空口能够实现真正意义的 Massive MIMO，如在中低频段，支持 64 个数字端口和 192 个或 256个天线振子；在毫米波频段，支持 4 个数字端口和 256 个天线振子。Massive MIMO 成为满足 ITM-2020（5G）小区平均频谱效率指标要求最重要的技术。从 2009 年提出 Massive MIMO 的概念和理论性能，到 2016 年的标准化，经历了 7 年的时间完成了从理论到方案设计，再到标准化的过程，其间又得益于射频硬件的技术突破。

从以上的历史教训和经验分析，可以得出 RIS 中继应该采取的推进策略，如图 7-13 所示。需要指出的是，虽然标准阶段有比较明确的时间节点，但 RIS 硬件和控制器的研究，以及 RIS 的信道建模工作并没有准确的时间窗口，这里只是根据目前的发展和标准化的节奏，给出一个大概的时间估计，与标准时间窗口不一定对齐。

图 7-13　RIS 中继的多阶段标准化和研发策略[4]

**第一阶段**

从 2022 年 3 月到 2023 年 9 月的 3GPP Rel-18 标准研究和制定阶段，网络控制的直放站（NCR）作为 RIS 中继的一个预演，重点进行控制信令的设计，尤其是 NCR 中波束指向的控制方式，这个设计最好能有一定的前向兼容性，为将来 RIS 中继的标准化提供基础框架。

对于 RIS 的硬件设计，以中等大小的 RIS 面板设计作为优化对象，即一块面板上的 RIS 单元在几百或 1000～2000 个，这样一方面有助于限制 RIS 面板的制造成本，另一方面可以降低 RIS 面板的功耗，支持更灵活的部署，对初期的测试比较有利。由于 RIS 单元数量不是很多，对控制部分的计算能力没有严苛的要求，有望采用 FPGA 来完成对单元相位、幅度或者极化方向的计算，从而进行合理的调控。FPGA 的实现方式有利于灵活的算法调整乃至算法架构的更新，尤其适合仍处于研究阶段的 RIS 传输机理和调控方式。这也跟中小批量生产 RIS 面板相匹配，可以加快硬件控制的技术更新迭代。

与此同时，RIS 信道的建模也是基础工作之一，需要提前开展。RIS 信道包含至少两段链路，从基站到 RIS，从 RIS 到终端，比基站到终端的直连链路更为复杂。并且由于 RIS 本身是无源器件，RIS 面板上的单元数量较多，不太容易对基站到 RIS 或者 RIS 到终端的每一条链路单独进行测试。针对这样的复杂情形，对基站到 RIS 的链路做一定的合理假设，如 RIS 中继是运营商优化部署的，与基站能够保持视距（LOS）通信，从而降低建模的难度。把 5G 最常用的 3GPP TR 38.901 中基于几何的统计性信道模型作为基础，根据 RIS 单元和面板的特点，对 RIS 到终端链路的信道做增强性的建模，并且考虑 RIS 波束较窄的特性。以波束控制为主，所建模的场景以远场为主，因此可以大幅降低建模和计算的复杂度。文献[5]中提出的信道模型就是一个这样的例子，如图 7-14 所示。

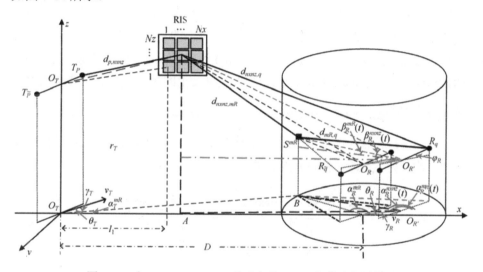

图 7-14　在 3GPP TR 38.901 基础上的 RIS 几何统计信道模型

在这个三维的几何统计模型中，除 LOS 径外，还包含一次反射路径（基站—RIS—终端）和两次反射路径（基站—RIS—散射体—终端），用公式来表达，其中 LOS 径信道为

$$h_{pq}^{\mathrm{LOS}}(t)=\sqrt{\frac{K\Omega_{pq}}{(K+1)}}\mathrm{e}^{\mathrm{j}2\pi t f_{\mathrm{D,LOS}}(t)}\cdot \mathrm{e}^{\frac{-\mathrm{j}2\pi f_{\mathrm{C}}d_{p,q}(t)}{c_0}} \tag{7-1}$$

这里的变量下标 $p$ 和 $q$ 分别代表发射侧（基站）天线阵列上和接收侧（终端）天线阵列 $Y$ 轴的坐标，相当于一对收发天线索引。$\Omega_{pq}$ 代表收发天线阵列 $p$ 和 $q$ 两点间的大尺度衰落（包括路径损耗和阴影衰落），$K$ 是信道莱斯因子。

$f_{D,LOS}$ 是终端相对于基站的多普勒频移，这里下标 D 表示多普勒（Doppler）。$f_C$ 是载波频率，$d_{p,q}$ 是终端天线阵列 $q$ 点与基站天线阵列 $p$ 点的距离，$c_0$ 是光速。

从发射侧 $p$ 点经过 RIS 的第($nx$, $nz$)的天线单元一次反射，到达接收侧 $q$ 点的信道为

$$h_{pq}^{SB}(t) = \sum_{n_x=1}^{N_x} \sum_{n_z=1}^{N_z} \sqrt{\frac{\eta_{SB}\Omega_{pq}}{(tK+1)N_xN_z}} e^{j2\pi tf_{D,SB}(t)} \cdot e^{-j2\pi f_C\left(\frac{d_{p,nxnz}}{c_0} + \frac{d_{nxnz,q}(t)}{c_0} + \frac{\phi_{nxnz}^{SB}(t)}{2\pi f_C}\right)} \quad (7-2)$$

式中，$N_x$ 和 $N_z$ 分别代表 RIS 在 $X$ 轴方向和 $Z$ 轴方向上的单元数；$\eta_{SB}$ 代表一次反射分量的功率比例；$d_{p,nxnz}$ 是基站天线阵列上的 $p$ 点与 RIS 上第($nx$, $nz$)个天线单元的距离；$d_{nxnz,q}$ 是 RIS 上第($nx$, $nz$)个天线单元与终端天线阵列上的 $q$ 点的距离；$\phi_{nxnz}^{SB}$ 是 RIS 上第($nx$, $nz$)个天线单元上的相位；$f_{D,SB}$ 是终端相对于 RIS 的多普勒频移。

从发射侧 $p$ 点经过 RIS 的第($nx$, $nz$)的天线单元一次反射，再经过散射体 $S^{mR}$ 的二次反射，到达接收侧 $q$ 点信道为

$$h_{pq}^{DB}(t) = \sum_{n_x=1}^{N_x} \sum_{n_z=1}^{N_z} \sqrt{\frac{\eta_{DB}\Omega_{pq}}{(K+1)N_xN_z}} \lim_{M_R\to\infty} \frac{1}{\sqrt{M_R}} \cdot \sum_{m_R=1}^{M_R} e^{j\phi_{m_R}^{DB}} \cdot$$
$$e^{j2\pi tf_{D,DB}} \cdot e^{-j2\pi f_C\left(\frac{d_{p,nxnz}+d_{nxnz,m_R}+d_{m_R,q}(t)}{c_0} + \frac{\phi_{nxnz}^{DB}(t)}{2\pi f_C}\right)} \quad (7-3)$$

式中，$\eta_{SB}$ 代表二次反射分量的功率比例；$M_R$ 是散射体的个数；$d_{nxnz,m_R}$ 是 RIS 上第($nx$, $nz$)个天线单元到第 $m_R$ 个散射体的距离；$\phi_{m_R}^{DB}$ 是第 $m_R$ 个散射体上的随机相位；$\phi_{nxnz}^{DB}$ 是 RIS 上第($nx$, $nz$)个天线单元上的相位；$f_{D,DB}$ 是终端相对于散射体的多普勒频移。

### 第二阶段

2023 年 10 月到 2025 年 3 月是 3GPP 的 Rel-19 标准窗口期，此时通过在 Rel-18 NCR 研究和标准化过程中的积累，以及前期在中等大小 RIS 面板制造和控制器设计方面的经验，再加上在统计性信道建模方面的部分工作，应该具

备在 3GPP 开展对 RIS 中继的研究。由于 RIS 器件制造工艺和控制器硬件的限制，还有对 RIS 信道的有限理解，Rel-19 的 RIS 中继多半以波束调控为主，这样有助于尽量利用 Rel-18 NCR 的有用成果，实现技术的平滑演进。

Rel-19 的 RIS 中继的研究也可以促进 RIS 硬件/控制器的发展，3GPP 作为全球最主流、最重要的移动通信标准制定组织之一，成员单位涵盖运营商、系统设备商、终端厂商、芯片厂商、通信辅助器件/设备厂商、互联网企业、频谱监管机构、高校与科研单位等，形成一个较为完整的生态环境。3GPP 中的研究项目能够带动业界更多的企业关注该技术，开展相关的研发工作。RIS 硬件/控制器也是如此。

如果需要，则可以根据前期对 RIS 信道建模的研究基础，在 3GPP Rel-19 的 RIS 中继研究项目中单独设立一个信道建模的方向，以凝聚业界更多的厂家投入这方面的研究。

### 第三阶段

3GPP 大约在 Rel-20（2025 年 4 月到 2026 年 9 月）开始 6G 新空口的研究，这会给 RIS 技术的方案设计提供更大的优化空间。RIS 中继可以借鉴 Rel-18 和 Rel-19 的经验，拓宽应用场景和设计思路，包含全空域的 RIS，更具有革命性。

预计在这个阶段，RIS 硬件/控制器已有较大的发展。随着超材料器件制造工艺的日益成熟，成本迅速降低，一块 RIS 面板的单元数量可以超过 1 万个，尺寸超过 100 $m^2$。较低的硬件成本促进更大规模地部署 RIS 面板。由于有规模效应，RIS 面板制造的产业链也会做相应的调整，行业有可能进一步细分，如 RIS 面板由专门做面板的厂家集成（而不是由设备厂商自己生产，或者完全由 RIS 面板厂商从头到尾生产），而 RIS 单元的分立电子器件由专门的半导体器件厂商定制化大规模生产（而不是用通用的分立电子器件），RIS 面板的基底由专门制造覆铜板的厂商为 RIS 量身定制，批量生产。这些行业细化会进一步优化生产结构，使得 RIS 面板的性能更优、可靠性和一致性更强、成本更低。RIS 控制器也类似，由于 RIS 面板的大批量生产和部署，巨大的经济规模可以支撑使用专用芯片（ASIC）来实现 RIS 面板的调控功能，降低控制模块的成本和运算/存储功耗。另外，RIS 面板巨大的单元数量，以及未来应用场景的多样化和信道的复杂性（不仅是波束赋形，而且需要支持更高级的 MIMO 传输），RIS 控制器的计算复杂度将大幅度提高，及时并高效地完成这个任务需要借助 ASIC 的强大处理能力。

为了发挥 RIS 的潜力，信道建模可以考虑更复杂的信道环境。未来 RIS 应用场景的信道复杂性也是由于 RIS 面板尺寸的增大已经使得许多传输链路处于近场环境，平面波的假设不再成立，信道的空间特性不局限于方向上的维度，还与传输距离/景深有关，这些因素将带来一系列的在远场条件下难以看到的现象和特征。传统的基于几何统计性模型可能在一些情况下无法足够准确地刻画信道的基本特征，需要考虑射线跟踪的模型方法。

# 本章参考文献

[1] ZTE. New SI: Study on NR network-controlled repeaters: 3GPP RP-213700 [R]. 2021, RAN#94e.

[2] 3GPP. Study on NR network-controlled repeaters (Release 18): TR 38.867[S]. 2022.

[3] ZTE. Discussion on other issues for NR network-controlled repeater: 3GPP, R1-2203239[R]. 2022, RAN1#109e.

[4] YUAN Y F, WU D, HUANG Y H, et. al. Reconfigurable intelligent surface relay: lessons of the past and strategies for its success[J]. IEEE Communications Magazine, 2022, 60(12): 2-8.

[5] SUN G Q, HE R S, MA Z F, et al. A 3D Geometry-Based Non-Stationary MIMO channel model for RIS-assisted communications[J]. 2021 IEEE 94th Vehicular Technology Conference (VTC2021-Fall), 2021: 21485875. DOI: 10.1109/VTC2021-Fall52928.2021.9625374.

# 附录 A　缩略语表

| 缩 略 语 | 英 文 全 称 | 中 文 全 称 |
|---|---|---|
| π/2-BPSK | π/2-Binary Phase Shift Keying | 旋转 90°（π/2）的二进制相移键控 |
| 128 QAM | 128-Quadrature Altitude Modulation | 128-正交幅度调制 |
| 16 QAM | 16-Quadrature Altitude Modulation | 16-正交幅度调制 |
| 1G | 1st Generation mobile communication | 第一代移动通信系统 |
| 256 QAM | 256-Quadrature Altitude Modulation | 256-正交幅度调制 |
| 2G | 2nd Generation mobile communication | 第二代移动通信系统 |
| 32 QAM | 32-Quadrature Altitude Modulation | 32-正交幅度调制 |
| 3G | 3rd Generation mobile communication | 第三代移动通信系统 |
| 3GPP | 3rd Generation Partnership Project | 第三代合作伙伴计划 |
| 4G | 4th Generation mobile communication | 第四代移动通信系统 |
| 5G/5G-NR | 5th Generation mobile communication | 第五代移动通信系统或 5G 新无线电接入技术 |
| 64 QAM | 64-Quadrature Altitude Modulation | 64-正交幅度调制 |
| APP | a Posteriori Probability | 后验概率 |
| AWGN | Additional White Gaussian Noise | 高斯加性白噪声 |
| BER | Bit Error Rate | 误比特率 |
| BG | Base Graph | 基本图 |
| BLER | BLock Error Rate | 误块率 |
| bps | bit per second | 比特每秒 |
| bps/Hz | bps per Hz | 比特每秒每赫兹 |
| BPSK | Binary Phase Shift Keying | 二进制相移键控 |
| BS | Base Station | 基站 |
| BSC | Binary Discrete Symmetric Channel | 二元对称信道 |
| CDF | Cumulative Distribution Function | 累积分布函数 |
| CDMA | Code Division Multiple Access | 码分多址 |
| CoMP | Coordinated Multi-point Processing | 多点协作处理 |
| CQI | Channel Quality Indicator | 信道质量指示 |
| CRS | Cell-specific Reference Signal | 小区公共参考信号 |
| CSI | Channel State Information | 信道状态信息 |

| 缩 略 语 | 英 文 全 称 | 中 文 全 称 |
|---|---|---|
| CSM | Conditional Sample Mean | 条件采样平均 |
| CWIC | Code-Word level Interference Cancellation | 码块级干扰消除 |
| DCI | Downlink Control Information | 下行控制信息 |
| DPC | Dirty Paper Coding | 污纸编码 |
| DRB | Digital Resource Block | 数据资源块 |
| eMBB | enhanced Mobile BroadBand | 增强移动宽带 |
| EPA | Extended Pedestrian A model | 扩展步行者信道模型 |
| ETU | Extended Typical Urban model | 扩展典型城市模型 |
| FDD | Frequency Division Duplex | 频分双工 |
| FDM | Frequency Division Multiplexed | 频分复用 |
| FDMA | Frequency Division Multiple Access | 频分多址 |
| FEC | Forward Error Correction | 前向纠错编码 |
| FER | Frame Error Rate | 误帧率 |
| FFT | Fast Fourier Transform | 快速傅里叶变换 |
| FPGA | Field Programmable Gate Array | 现场可编程门阵列 |
| GP | Guard Period | 保护间隔 |
| GSM | Global System of Mobile communications | 全球移动通信系统 |
| HARQ | Hybrid Automatic Repeat reQuest | 混合自动重传请求 |
| HDR | Half-Duplex Repeater | 半双工直放站 |
| HSDPA | High Speed Downlink Packet Access | 高速下行分组接入 |
| HSPA | High Speed Packet Access | 高速分组接入（包括 HSDPA 和 HSUPA）; |
| HSUPA | High Speed Uplink Packet Access | 高速上行分组接入 |
| IAB | Integrated Access & Backhaul | 回传/接入一体化 |
| IIoT | Industrial Internet of Things | 工业物联网 |
| IoT | Internet of Things | 物联网 |
| ITU | International Telecommunication Union | 国际电信联盟 |
| KPI | Key Performance Index | 关键性能指标 |
| LDPC | Low Density Parity Check | 低密度奇偶校验 |
| LOS | Line Of Sight | 视距 |
| LTE | Long Term Evolution | 长期演进 |
| MAC | Media Access Control | 媒体接入控制 |
| mMTC | massive Machine Type Communication | 海量物联网通信 |
| MBB | Mobile BroadBand | 移动宽带 |
| MBSFN | Multicast Broadcast Single Frequency Network | 多播广播单频网络 |
| MCS | Modulation and Coding Scheme | 调制编码方案 |

| 缩 略 语 | 英 文 全 称 | 中 文 全 称 |
|---|---|---|
| MIMO | Multiple-Input Multiple-Output | 多输入多输出 |
| MMSE | Minimum Mean Squared Error | 最小均方差 |
| MU-MIMO | Multi-User Multi-Input Multi-Output | 多用户多输入多输出, 也称多用户 MIMO, 以及多用户空间复用 |
| NB-IoT | Narrow Band Internet of Things | 窄带物联网 |
| NCR | Network Controlled Repeater | 网络控制的直放站 |
| NLOS | Non Line Of Sight | 非视距 |
| NOMA | Non-Orthogonal Multiple Access | 非正交多址 |
| NR | New Radio access technology | 新无线电接入技术 |
| OAM | Operation Administration and Maintenance | 操作维护管理 |
| OFDM | Orthogonal Frequency Division Multiplexing | 正交频分复用 |
| OFDMA | Orthogonal Frequency Division Multiple Access | 正交频分多址 |
| PBCH | Physical Broadcast CHannel | 物理广播信道 |
| PCB | Printed Circuit Board | 印制电路板 |
| PCI | Physical Cell Indicator | 主小区索引 |
| PDCCH | Physical Downlink Control CHannel | 物理下行控制信道 |
| PDF | Probability Density Function | 概率密度函数 |
| PDSCH | Physical Downlink Shared CHannel | 物理下行共享信道 |
| PER | Package Error Rate | 误包率; 丢包率 |
| PMI | Precoding Matrix Indicator | 预编码矩阵指示 |
| PRB | Physical Resource Block | 物理资源块 |
| PSS | Primary Synchronization Signal | 主同步信号 |
| PUCCH | Physical Uplink Control CHannel | 物理上行控制信道 |
| PUSCH | Physical Uplink Shared CHannel | 物理上行共享信道 |
| QAM | Quadrature Altitude Modulation | 正交幅度调制 |
| QC-LDPC | Quasi-Cyclic LDPC | 准循环 LDPC 码 |
| QLDPC | Q-array LDPC<br>Non-binary LDPC | 多元域 LDPC |
| QoS | Quality of Service | 服务质量 |
| QPSK | Quadrature Phase Shift Keying | 正交相移键控 |
| RAN | Radio Access Network | 无线接入网 |
| RE | Resource Element | 资源单元 |
| RIS | Reconfigurable Intelligent Surface | 智能超表面 |
| RRC | Radio Resource Control | 无线资源控制 |
| RSRP | Reference Signal Received Power | 参考信号接收功率 |
| SCW | Single Codeword | 单码块 |

续表

| 缩 略 语 | 英 文 全 称 | 中 文 全 称 |
|---|---|---|
| SDL | Supplementary Down Link | 补充下行链路 |
| SDU | Segment Data Unit | 分段数据单元 |
| SINR | Signal to Interference plus Noise Ratio | 信干噪比 |
| SISO | Single-Input Single-Output | 单输入单输出 |
| SLIC | Symbol-Level Interference Cancellation | 符号级干扰消除 |
| SLNR | Signal-to-Leakage-and-Noise Ratio | 信漏噪比 |
| SNR | Signal-to-Noise Ratio | 信噪比 |
| SRS | Sounding Reference Signal | 上行探测参考信号 |
| SSS | Secondary Synchronization Signal | 辅同步信号 |
| SUL | Supplementary Up Link | 补充上行链路 |
| SU-MIMO | Single User MIMO | 单用户空间复用 |
| TCI | Transmission Configuration Indicator | 传输配置指示 |
| TD-LTE | Time Division Long Term Evolution | 时分长期演进 |
| TDM | Time Division Multiplexed | 时分复用 |
| TDMA | Time Division Multiple Access | 时分多址 |
| TD-SCDMA | Time Division-Synchronous Code Division Multiple Access | 时分同步码分多址 |
| TTI | Transmission Time Interval | 传输时间间隔 |
| TXRU | Transmit Receive Unit | 天线发送接收单元 |
| UCI | Uplink Control Information | 上行控制信息 |
| UE | User Equipment | 用户设备，终端 |
| UMa | Urban Macro | 城市宏小区 |
| UMB | Ultra Mobile Broadband | 超移动宽带 |
| UMi | Urban Micro | 城市微小区 |
| UMTS | Universal Mobile Telecommunications System | 通用移动通信系统（指 WCDMA） |
| URLLC | Ultra Reliable Low Latency Communication | 超可靠低时延通信 |
| V2X | Vehicle to everything | 车联网 |
| WCDMA | Wideband Code Division Multiple Access | 宽带码分多址 |
| WiMAX | World Interoperability for Microwave Access | 全球微波接入互操作性（基于 IEEE 802.16） |
| XPD | Cross Polarization Discrimination | 交叉极化鉴别度 |
| ZF | Zero Forcing | 迫零 |